U0381335

上海出版资金项目
Shanghai Publishing Funds

非常规能源地质前沿译丛

总主编　张金川

致密气藏沉积相重建及动力学恢复

德国西北部上二叠纪研究

Sedimentary Facies Reconstruction and
Kinematic Restoration of Tight Gas Fields

Studies from the Upper Permian in Northwestern Germany

［美］Anna Alexandra Vackiner　著

张　瑜　刘　飐　刘　萱　唐　玄　译

华东理工大学出版社
EAST CHINA UNIVERSITY OF SCIENCE AND TECHNOLOGY PRESS

·上海·

图书在版编目（CIP）数据

致密气藏沉积相重建及动力学恢复/（美）瓦克纳
（A. A. Vackiner）著;张瑜等译. —上海:华东理工大
学出版社,2023.9
（非常规能源地质前沿译丛）
书名原文:Sedimentary Facies Reconstruction
and Kinematic Restoration of Tight Gas Fields
ISBN 978 - 7 - 5628 - 5784 - 6

Ⅰ.①致… Ⅱ.①瓦… ②张… Ⅲ.①致密砂岩-砂
岩油气藏-砂岩储集层-沉积相-研究 Ⅳ.①P618.130.2

中国版本图书馆 CIP 数据核字(2019)第 083487 号

First published in English under the title
Sedimentary Facies Reconstruction and Kinematic Restoration of Tight Gas Fields:
Studies from the Upper Permian in Northwestern Germany
by Anna Alexandra Vackiner, edition:1
Copyright © Springer-Verlag Berlin Heidelberg, 2013*
This edition has been translated and published under licence from
Springer-Verlag GmbH, DE, part of Springer Nature.
Springer-Verlag GmbH, DE, part of Springer Nature takes no responsibility and shall
not be made liable for the accuracy of the translation.

著作权合同登记号:图字 09 - 2018 - 997 号

项目统筹 / 马夫娇
责任编辑 / 马夫娇
责任校对 / 陈婉毓
装帧设计 / 徐　蓉
出版发行 / 华东理工大学出版社有限公司
　　　　　　地址:上海市梅陇路 130 号,200237
　　　　　　电话:021 - 64250306
　　　　　　网址:www.ecustpress.cn
　　　　　　邮箱:zongbianban@ ecustpress.cn
印　　刷 / 上海中华商务联合印刷有限公司
开　　本 / 710 mm×1000 mm　1/16
印　　张 / 8.5
字　　数 / 138 千字
版　　次 / 2023 年 9 月第 1 版
印　　次 / 2023 年 9 月第 1 次
定　　价 / 198.00 元

非常规能源地质前沿译丛

编 译 组

组　长：唐玄

副组长：张　瑜　韩双彪　刘　飚　苏佳纯

成　员（排名不分先后）：

刘　萱　龚　雪　王向华　雷　越　洪　剑　郑玉岩

陈世敬　谢皇长　刘　通　刘恒山　李　哲　黄　璜

苏泽昕　许龙飞　于晓菲　韩美玲　黄　颖　李兴起

Taisiia Shepidchenko　　　　魏晓亮　李　沛　李　振

刘君兰　郭睿波　郎　岳　陶　佳　丁江辉　张照耀

非 常 规 能 源 地 质 前 沿 译 丛

序

世界油气工业史是一部以非常规油气为基础，理论、方法和技术逐渐发展和完善，勘探、开发及利用不断推进和突破的综合性科学与技术发展史。如果说人类对石油和地热的利用已有 3 000 年历史的话，那么真正有目的的勘探开发和规模性工业利用也只有不足 300 年的历史。

现代油气工业起源于非常规，从地面的油砂矿开采到第一口石油井的钻探成功，其间经历了百余年历史，随后进入了以常规油气勘探发现和大规模工业化应用为主导的油气工业化时代。以法国（1735）开始开采油砂矿为标志，人类将石油和天然气作为能源加以利用的时代可追溯至 18 世纪早中期。至 19 世纪早中期，世界第一口页岩气井的成功钻探（美国，1821—1825）、第一座页岩油炼厂的建成（法国，1835）、第一口石油井的完钻（美国，1859），标志着石油天然气工业的起步和开始。特别是，油苗与背斜关系的发现（W. E. Logan，1842）和油气聚集背斜理论的提出（T. S. Hunt，1861），奠定了现代常规油气地质理论和勘探发现的基础，保证了随后大规模油气的不断发现。至 19 世纪中晚期，逐步形成了以石油为主线的能源开发与利用体系。

20 世纪中后期逐渐开启了以常规为主、非常规占比逐渐加大的油气新时代。20 世纪早中期，地质理论与地球物理技术、海洋油气技术完美结合，一大批油气田获得了发现，常规油气勘探开发走向了巅峰。以致密砂岩气（美国，1927）、稠油（美国，1934）、水溶气（日本，1948）、煤层气（美国，1953）、水合物（苏联，1971）等非常规油气的勘探发现和开发利用等事件为代表，20 世纪在推动常规油气工业快速发展的同时，在以北美为代表的世界许多地区获得了非常规油气的不断发现和工业应用，非常规油气生产试验和勘探开发工作在 20 世纪中后期得到了爆发式的发展。几乎是在我们把主要精力都放在常规油气藏，争论中国油气资源能够维持多久、油气工业是朝阳产业还是夕阳产业、油气勘探方向在哪里、有没有非常规油气等问题的同时，以北美为代表的其他技术先进的国家和地区已经在各种油气资源类型、油气勘探开发技术等方面取得了突破，完成了各种油气资源类型的开发利用，实现了常规与非常规油气资源类型同步快速发展、非常规油气资源占比逐渐增加的历史变革。可以说，20 世纪中叶是中华人民共和国成立的时代，是我们不断奋进、努力拼搏、不断缩小与发达国家之间技术水平和能力差距的时代。我们曾经在陆相油气地质、火山岩油气地质以及复杂条件油气地质等方面取得过领先世界的耀眼成绩，但与美国相比，我们在多种类型非常规油气勘探开发领域一直处于跟进状态。

21 世纪的今天，油气开发利用正朝向多元化方向发展，天然气发展模式已经正式开启。以页岩气为代表的非常规天然气逐渐担当了历史重任，常规与非常规油气百花齐放。石油和天然气是工业运行必不可少的血液，我国的石油与天然气产量长期面临着巨大压力。自 1993 年成为石油净进口国以来，我国油气消费需求量强劲上升，油气进口量不断增加，目前的石油和天然气对外依存度分别达到了 70% 和 45%，成为世界最大的石油进口国和天然气进口国。2000 年以来，各种类型非常规天然气勘探开发技术进一步成熟，煤层气、致密砂岩气、页岩气、水合物等多种类型非常规天然气逐渐形成自身体系并得到了蓬勃发展，相关的产业技术大踏步前进，我国的勘探开发相关技术迅速成熟。我国多地正同时开展非常规油气的勘探发现和探索评价工作，以页岩气为例，目前正在向海相深层页岩气、陆相页岩油气、海陆过渡相复杂岩性页岩气、叠合盆地多类型复杂页岩油气以及中小型盆地煤系地层页岩油气方向快速推进，有望在复杂地质背景的非常规油气勘探开发技术领域取得国际领先水平的成果。

回顾历史，从柴薪、煤炭、石油到天然气，人类探索利用传统能源的历史和能力足迹可溯、历历在目、可圈可点。环顾当下，从焦油、油砂、地热到水合物，人类开发利用地质能源的技术和能力日新月异、突飞猛进，一日千里。展望未来，从水能、风能、核能到太阳能，人类拓展利用全新能源的水平和能力赫赫巍巍，跃然纸上，蓝图如画。在现今能源需求正旺的特殊历史时期，非常规能源正以无限的能量传承历史、承载使命、光耀未来。如前所述，非常规能源包括了传统类型以外的油、气、水等新兴资源类型，也包括了正式开始用于商业发电（意大利，1913）的地热能。在该领域，中国正以极大的关注、全新的姿态和积极的努力开创一个崭新的能源利用新时代。

非常规能源仍将是未来一段时间内我国能源领域中需要大力发展的重点方向。结合我国油气地质条件及非常规油气勘探开发工作进展，作者以研究进展和产业发展为主线，跟踪选择了页岩油气、致密气、煤层气、水合物、水溶气、重油及焦油砂、油砂、地热等类型非常规能源丛书进行翻译，通过实例解剖，分别系统介绍其背景资料、方法原理、技术进展、形势对策等内容，以满足国内目前对非常规能源勘探开发工作的实际需要，为我国相关产业发展提供参考借鉴。

在丛书的翻译、审校及定稿过程中，译校人员在百忙之中抽出宝贵时间承担了不同的书稿工作并提出了宝贵的修改意见，在此致以由衷的谢意。由于丛书涉及内容较多，成稿时间仓促，加之译者水平有限，书中难免存在疏漏和不足，敬请读者不吝斧正。

2019 年 8 月·北京

序

preface

天然气被认为是一种过渡燃料，直到新的能源在技术和经济上变得可行。在烃类气体中，天然气可分为常规气、非常规气和致密气。近年来，非常规气和致密气因其巨大的资源储量潜力而受到广泛的关注。世界各地所有常见类型的储层中都存在致密气藏，已有几十年的开采历史。鉴于致密气藏对全球发展的重要性，有必要认识致密气田的复杂性，这就需要一种涵盖地质、地球物理和岩石物理分析的综合方法，但迄今为止，很少有研究人员对此进行分析。

Alexandra 以欧洲西北部二叠纪盆地为例，为分析复杂的致密气藏提供了一种综合学科研究法。虽然这一盆地有着悠久的勘探开发历史，但先前德国的研究工作重点集中在地震和电缆测井资料的整个盆地演化与基于岩心数据的储层成岩作用。此外，在对识别盆地内部多期构造元素的活化和区别同构造与二维构造复原（retro-deformation）建模及类型方面所做的研究工作也很少。因此，笔者使用的综合学科研究法包括地质和地球物理分析、遥感技术、盆地构造的二维变形后建模以及测井分析和岩心分析。

首先，此研究对河流-风成沉积的上 Rotliegend Ⅱ（Upper Rotliegend Ⅱ）层序进行详细的高分辨率相分析。通过与美国西部的帕纳明特大峡谷（Panamint Valley）现代储层对比分析，使不同类型沙丘和沙丘间沉积的分离得到了证实和支持，构建了古沉积和古地貌演变模型。研究区的继承性构造复原旨在区分盐隆起（salt rise）形成机制、变形时间及其与区域性构造活动事件关系，这包括沉积、去压实校正、断层相关变形、盐分运动、热沉降和地壳均衡。研究结果表明，被动盐底辟作用始于早三叠世斑砂岩统（Buntsandstein）沉积过程中盐的横向运动和局部盐注入覆盖层。对于侏罗系而言，推测其热驱动下流体循环沿活动断层呈伸展状。在下白垩统盐隆起机制转变为被动底辟作用，并一直持续到今天。伴随下沉形成的是大型盐边向斜发育，导致局部断层发育。构造分析进一步表明，构造多次活化证明了沉积期前和沉积期后构造对盆地的相结构具有很强的控制作用。这就可以进一步确定断层端线构型和拉断构造对沉积和流体流动的重要性。

  Alexandra 的研究是亚琛工业大学和 Wintershall 控股有限公司的"致密气研究计划"（Tight Gas Initiative，TGI）的一部分，该计划对这项研究提供了支持。Alexandra 曾在一些国际刊物中和国际会议上介绍过她的研究，其研究课题是一项较为完整的研究工作，她首次提出区域构造、盐构造、沉积、压实、热沉降和地壳均衡对致密气藏演化和分布影响的综合模型，这标志着对这种复杂致密气藏的认识向前迈出了重要的一步。

Peter A. Kukla

目　录

contents

第1章 引 言

1.1 基 本 原 理

在德国的油气勘探和生产中，致密天然气的经济开采发挥着越来越重要的作用。大型致密气藏采用水平钻井和水力压裂等技术进行开采。砂岩储层渗透率低的原因是多方面的，会受多种参数和过程的影响。除沉积特征和埋藏深度之外，砂岩气藏的构造与成岩发育起着至关重要的作用。德国北部盆地致密气的可采储量估计为 $(1\,000\sim1\,500)\times10^8\mathrm{m}^3$。目前致密气藏并没有一个统一的定义。Law 和 Curtis[2] 将低渗透砂岩储层定义为具有渗透性且渗透率小于 0.1 mD 的储层。自此以后，这个值一直作为美国对能源的政治考量，以确定哪些井会得到政府资助实施天然气开采[3]。相比之下，如果渗透率小于 0.6 mD，德国石油与煤科学技术学会（German Society for Petroleum and Coal Science and Technology，DGMK）将渗透率小于 0.6 mD 的储层定义为致密砂岩储层（图 1.1）。继 Holditch[3] 之后，致密气藏是射孔后不能自

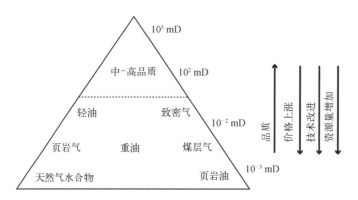

图 1.1　资源三角形（来源：据 Holditch 修改）[3, 4]

---

① 本书的边栏数字为原著页码。

主流动的气层，要实现经济生产就必须利用增产技术。

本书主要内容是亚琛工业大学和 Wintershall 控股有限公司的"致密气研究计划"（Tight Gas Initiative，TGI）的一部分，该计划重点研究了影响致密气藏开发的各种参数。此前对致密气的研究主要集中在某个方面，到目前为止，尚未研究过时空分布演化的一体化。本项目的总目标是建立充满活力的创新理念，以实现可靠的储层质量预测。

1.2　研　究　目　的

此研究的重点是上 Rotliegend Ⅱ致密气田的开采。该气田位于德国西北部的东弗里西亚。储层岩石沉积发育在南二叠纪盆地（Southern Permian Basin，SPB）的西南边缘，分布在欧洲大陆北部和北海南部上二叠纪的大部分地区。储集岩的特征是河流-风成岩（图 1.2）。本研究课题的主要目的是提供断裂带活动随时间变化的记录，阐明构造几何形态、沉积学和成岩作用之间的关系。对断裂带活动随时间变化的分析提供了有关同构造沉积相分布的关键信息，特别是上 Rotliegend Ⅱ和流体循环时间，其主要目的之一是建立断层诱导古地形的古沉积环境的储层砂岩上 Rotliegend Ⅱ沉积模型。为了更好地理解沉积学和构造学之间的相互作用，笔者在美国加利福尼亚州的帕纳明特大峡谷开展了一项实地模拟研究。

第二个研究区位于德国中北部。该研究的重点是上覆沉积的储集层段。在非常规储层开发中，含气非均质黏土的岩性引起了人们的极大关注。

为期 3 年的研究过程中产生的问题构成了本书的主要框架，具体如下：

（1）上 Rotliegend Ⅱ断层诱导古地形在晚期多期构造叠加之前的展布规律如何？

（2）研究区中储集岩成藏的上 Rotliegend Ⅱ构造圈闭源自何处？

（3）上 Rotliegend Ⅱ沉积相分布通过现场模拟研究可以重建吗？

（4）在储集岩发育过程中，盐类构造和多期构造叠加起着什么样的作用？

（5）已开发的方法是否适用于地质相似的研究地区？

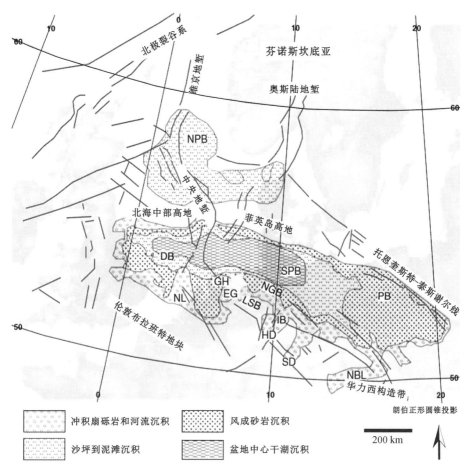

图1.2　概述上Rotliegend Ⅱ晚期南二叠统盆地（SPB）和北二叠统盆地（NPB）沉积区的最大范围

DB—荷兰盆地；NL—荷兰凹陷；GH—格罗宁根高地；EG—Ems地堑；LSB—下萨克森盆地；NGB—德国北部盆地；HD—黑森凹陷；IB—伊尔菲尔德盆地；SD—萨勒凹陷；NBL—尼斯裂凹陷；PB—波兰盆地；SPB—南二叠统盆地；NPB—北二叠统盆地

1.3　本　书　结　构

本书共8章，第1章是概括性介绍；第2章介绍研究区的区域地质背景和特定地质环境；第3章概述本研究中使用的资料和方法，包括沉积相分析的工作基础；第4~6章是研究的主要内容；第7章评估更多研究区的岩心资料；第8章为全书总结。第4~6章主要是基于提交的手稿，包括对研究区的同沉积上 Rotliegend Ⅱ 构造控制的分析，与美国西部的加利福尼亚州纳明特大峡谷的模拟研究地点进行对比，并将成岩作用与盐类构造引发的构造阶段一体化。

第 4 章介绍了三维地震反射、电缆测井和岩心资料的构造地层解释。通过对 Rotliegend 和 Zechstein 时期的古地形、断层活动和构造的适应性的详细分析表明，上 Rotliegend Ⅱ （主要是 Elbe 亚群）沉积过程中有同沉积箕状断陷发育和断层活动。在三叠纪、侏罗纪和白垩纪过程中，许多上 Rotliegend 构造恢复，往往表现出深度偏移（enhanced offsets）和横向扩展。因此，原始 Rotliegend 构造和地层发生明显位移，最终使原始 Rotliegend 沉积中心及相关的致密气藏相重新调整（re-arranging）。

对致密气田的构造和沉积复杂性的研究需要综合实验室分析、数值模拟和基于现场模拟研究等多种研究方法。在第 5 章中，通过实地现场模拟研究，直接对古沉积环境进行分析。该研究包含一种用于对沉积相分布有显著影响的构造颗粒的地质框架模型。基于现场模拟的研究，为多期构造叠加之前的德国致密气藏提供了详细的沉积相模型，包括风成砂岩储层相的组成、分布及其与断层诱导地貌的关系。

第 6 章的研究重点是多构造叠加，它导致盐分运动，并影响致密气田的特征。结合等厚图、流体包裹体均质化温度测量和 K/Ar 年龄进行分析，确定了构造演化与成岩阶段的时间及温度之间有明显的关系。

第 7 章的研究重点是对德国中北部上 Rotliegend Ⅱ 岩心资料的沉积相进行评价，将它与德国西北部研究区所分析的岩心资料进行对比。

最后的第 8 章，描述主要的发现、所介绍问题的答案和展望。

5 **参考文献①**

1. BGR （2009）Cramer B, Andruleit H （eds）Energierohstoffe2009—Reserven, Ressourcen, Verfügbarkeit — Erdöl, Erdgas, Kohle, Kernbrennstoffe, Geothermische Energie, p 117.

2. Law BE, Curtis JB （2002）Introduction to unconventional petroleum systems. AAPG Bull 86 （11）：1851 – 1852.

3. Holditch SA （2006）Tight gas sands. J Petrol Technol 58 （6）：86 – 93.

---

① 为方便读者查阅，本书参考文献为原版复制。

4. Holditch SA（2007）Hydraulic fracturing：overview, trends, issues. Drilling Contractor July/August, pp 116 - 118.

5. Ziegler PA（1982）Geological Atlas of Western and Central Europe：Elsevier Science Ltd. , Amesterdam, p 130.

6. Legler B（2005）Faziesentwicklung im Südlichen Permbecken in Abhängigkeit von Tektonik, eustatischen Meeresspiegelschwankungen des Proto-Atlantiks und Klimavariabilität（Oberrotliegend, Nordwesteuropa）：Schriftenreihe der Deutschen Gesellschaft für Geowissenschaften, vol 47, p 103.

第 2 章　地 质 环 境

2.1　区域地质环境

中欧二叠纪根据其相主要划分为陆相 Rotliegend 沉积（302—258 Ma，Ma 为百万年的单位）和蔡希斯坦（Zechstein）潟湖盐沼沉积（258—251 Ma）。Rotliegend 群/下二叠统（Lower Dyas）（德国）、Rotliegend 群（英国）或 Rotliegend 超群（荷兰）包含沉积于干旱环境中的细粒碎屑沉积和蒸发岩，基底为连续的火山岩和蒸发岩。欧洲大部分的天然气田生成于 Rotliegend（STD[1]）。

在德国，Rotliegend 可以细分为 3 类：（1）下 Rotliegend（包括 Altmark 子群），由火山复合体喷发所形成的火山岩地层，厚度高达 3 000 m。（2）上 Rotliegend（包括 Müritz 子群），由于区域分布只有横向变化，不能追溯成因。它的生物地层与德国南部山间盆地的上 Rotliegend I 相一致，岩性类似于山间盆地的上 Rotliegend I 和 Altmark 子群（Altmark Subgroup）沉积层[2]。（3）厚度高达 2 000 m 的上 Rotliegend II[3]，为本研究提供了框架。它的特征是在干旱、半干旱气候条件下沉积陆相硅质岩和少量蒸发岩[4,5]。上 Rotliegend II 由两个子群组成：Havel 子群与 Elbe 子群。在德国中北部和德国北海地区，巴赫曼（Bachmann）和霍夫曼（Hoffmann）[4]定义的 Altmark 的 I—IV 构造脉冲与一系列地层单元相关，这些地层单元将上 Rotliegend II 分成 4 个向上变细层序（图 2.1、图 2.2）[7-10]：Parchim 组、Mirow 组、Dethlingen 组和 Hannover 组。其中只有上 Dethlingen 组和 Hannover 组形成致密气藏单元。这些地层的形成时间持续 2 Ma。根据德国地层表（STD，2002），在全球地层环境下，这些地层将中 Wuchiapingium 组（258 Ma）和晚 Wordium 组（264 Ma）关联起来（图 2.1、图 2.2）。

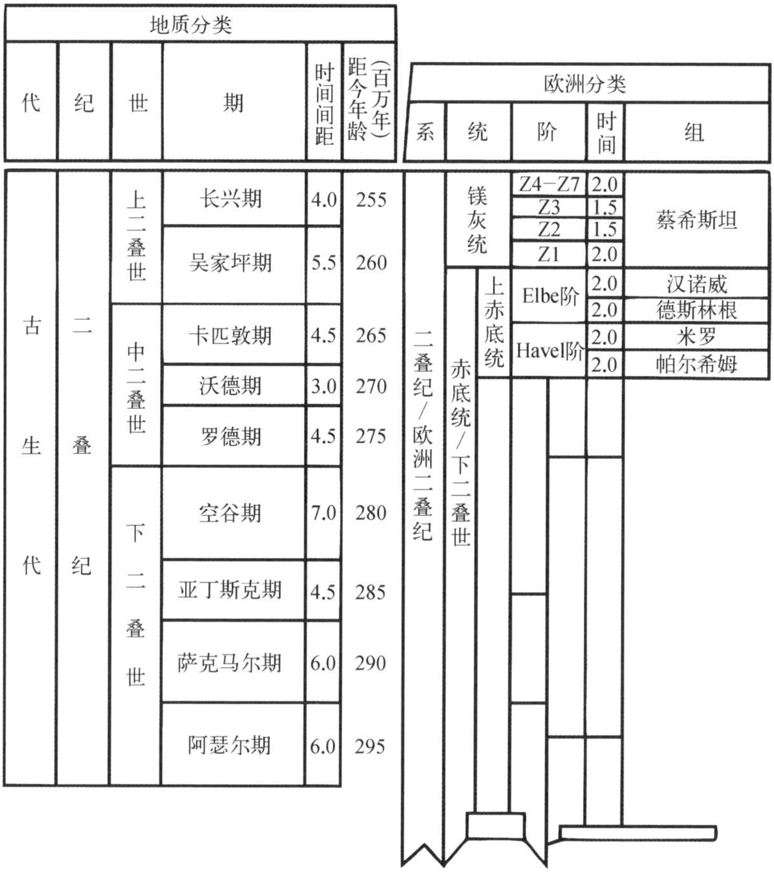

地质分类						欧洲分类				
代	纪	世	期	时间间距	距今年龄(百万年)	系	统	阶	时间	组
古生代	二叠纪	上二叠世	长兴期	4.0	255	二叠纪/欧洲二叠纪	镁灰统	Z4—Z7	2.0	蔡希斯坦
								Z3	1.5	
								Z2	1.5	
			吴家坪期	5.5	260			Z1	2.0	
		中二叠世	卡匹敦期	4.5	265		上赤底统	Elbe阶	2.0	汉诺威
									2.0	德斯林根
			沃德期	3.0	270			Havel阶	2.0	米罗
			罗德期	4.5	275				2.0	帕尔希姆
		下二叠世	空谷期	7.0	280		赤底统/下二叠世			
			亚丁斯克期	4.5	285					
			萨克马尔期	6.0	290					
			阿瑟尔期	6.0	295					

图 2.1　二叠系地层柱状图（STD 修改，2002；研究时间段用红色标记）

本书介绍的 Hannover 组包括 Ebstorf 段、Wustrow 段、Bahnsen 段、Dambeck 段、Niendorf 段、Munster 段和 Heidberg 段，沉积时间在 258—260 Ma（图 2.2）。

研究区位于南二叠统盆地（SPB）的西南缘，沉积范围由中心逐渐向东西两翼扩大[3]。在上 Rotliegend Ⅱ 中，SPB 的南北向宽为 300~600 km，从英国东部延伸至波兰中部和捷克，全长 1 700 km，面积约为 430 000 km²[11]。该盆地是不对称的，最深的地方位于北部[12,13]。如今，盆地构造反映了区域应力环境变化的长期影响，这对华力西造山运动（Variscan Orogeny）期间及之后欧洲地壳的重组会产生影响。此盆地由几个 NW—SE 向的拉裂子盆地组成，包括 Silverpit/Dutch 盆地、北德盆地和波兰盆地，它们被南北向和

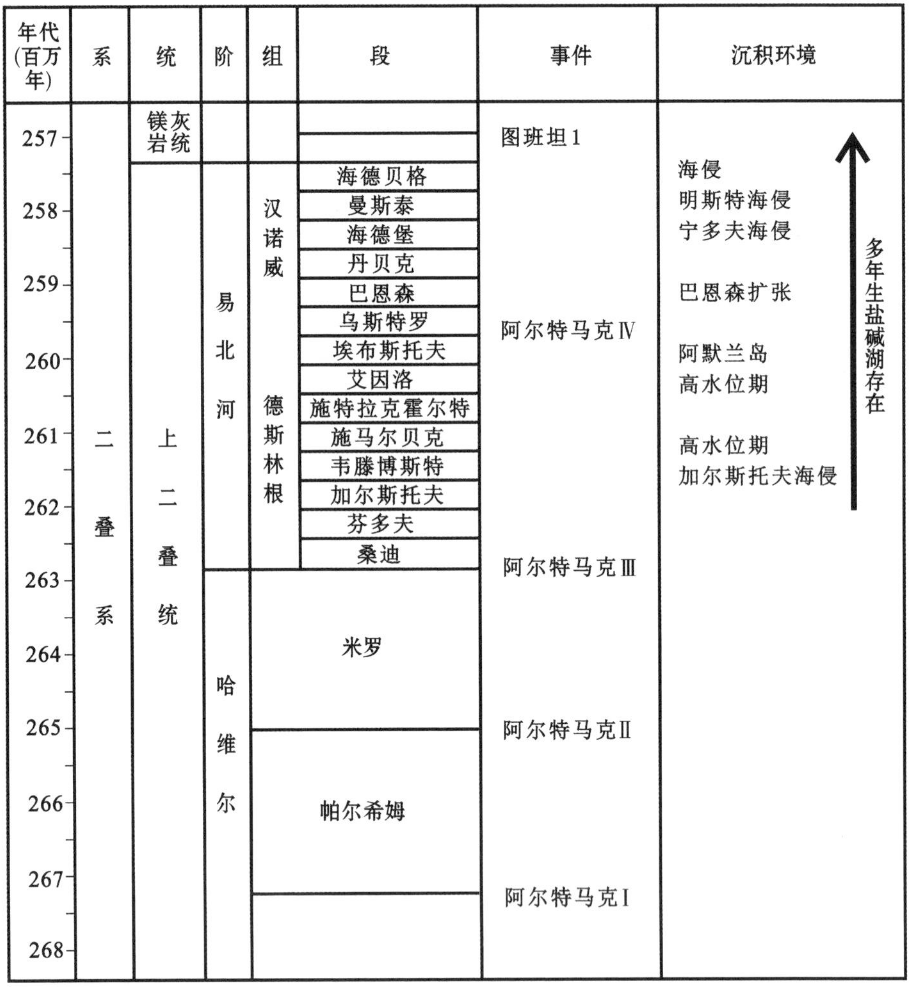

年代(百万年)	系	统	阶	组	段	事件	沉积环境
257		镁灰岩统				图班坦1	海侵
258				汉诺威	海德贝格		明斯特海侵
					曼斯泰		宁多夫海侵
					海德堡		
259					丹贝克		巴恩森扩张
			易北河		巴恩森	阿尔特马克Ⅳ	
					乌斯特罗		阿默兰岛
260					埃布斯托夫		高水位期
	二	上			艾因洛		
261	叠	二		德斯林根	施特拉克霍尔特		高水位期
	系	叠			施马尔贝克		加尔斯托夫海侵
		统			韦滕博斯特		
262					加尔斯托夫		
					芬多夫		
					桑迪	阿尔特马克Ⅲ	
263							
264			哈维尔		米罗		
265						阿尔特马克Ⅱ	
266					帕尔希姆		
267						阿尔特马克Ⅰ	
268							

（沉积环境栏右侧箭头标注：多年生盐碱湖存在）

图 2.2　德国北部上 Rotliegend Ⅱ 的地层柱状图和同期构造事件[28, 6, 14]

Elbe 子群时间参照 Gast[7]；表格被 Stollhofen 等修改[3]；加粗的线标志着等厚线图中的地层边界。

NNW – SSE 向的华力西基底隆起分开[14]。

从 Dethlingen 组沉积以后（图 2.1、图 2.2），常年性盐湖发育在南二叠统盆地（SPB）的中心部位[15]。短期但广泛的海侵和海进所形成的季节性浅湖，表现为 Dethlingen 组的 Garlstorf 段和 Schmarbeck 段以及 Hannover 组的 Niendorf 段和 Munster 段[16,17]。这些海侵需要一个倾向于盆地的地形梯度，它是由海平面以下的盆地底部下沉造成的，但也可以解释为源于海平面高水位[18,19]。除湖泊沉积和海相沉积之外，河流-风成沉积也是研究区

Dethlingen 组和 Hannover 组沉积记录的重要组成部分。Gast[20] 和 Rieke[21] 等认为，风成沉积物是由盛行东风供应的，这有利于风成沙丘堆积在盐潮滩和沙滩地带，环绕季节性浅湖。这些河流-风成沉积是 Rotliegend 天然气勘探的主要目的层[3]，河流沉积物的主要源区位于华力西山地腹地南部的较远处[13,23]。

2.2　研究区地质概况

研究区地表位于南二叠统盆地（SPB）西南缘的 Ems 地堑东部边界，它的主要特点是位于上 Rotliegend Ⅱ 不对称地堑之上呈南北向的 Zechstein 盐墙（salt wall）。研究区的地层记录范围从 Ebstorf 段到 Heidberg 段（图 2.2），沉积厚度介于 200~450 m。SPB 中部的 Ems 地堑经历了上 Rotliegend Ⅱ 同沉积构造作用，随后的构造活动阶段，如北海的断裂，从早三叠世到晚侏罗世再到早白垩世期间[24]，叠加 Rotliegend 构造纹理（structural grain）。

研究区上 Rotliegend Ⅱ 气田的烃源岩为威斯特伐利亚煤，顶部封闭层是由 Zechstein 蒸发岩形成的[25]。储集岩层发育于 Hannover 层 Wustrow 段和 Bahnsen 段（图 2.2）。以砂岩为主的 Wustrow 段，其厚度与构造活动有关（本地玄武岩火山活动，Soltau 高压地带[2]）。盐湖沿岸沉积的砂岩的特点是有机质的成熟度比较高（高孔渗、高石英含量），因此，这对 Rotliegend 天然气勘探具有重要意义。Wustrow 段是研究区中最为有利的天然气储层[2,25]。Bahnsen 段期间发育 Bahnsen 海侵[19]。SPB 中部的盐湖扩展受潮湿同沉积环境的影响，盆地边缘区域较宽[2]，从而导致黏土含量较高、沉积成熟度较低。直到 Zechstein 海侵出现，只有次要海退相及少量的砂粒累积（sand accumulation）形成在盆地平行海滩带中。研究区 Wustrow 段和 Bahnsen 段沉积的岩心数据分析表明，它们是河流风成沉积，包括辫状河沉积、风成沙丘沉积和干湿沙丘间沉积。大部分的风成沉积物由盛行东风供应[20,21]。相比之下，大部分的河流沉积物的输送源位于华力西山地的腹地朝南[13,23]。风成沙丘的保存受构造沉降的控制[26]。

上 Rotliegend Ⅱ 沉积物覆盖在斑状安山岩-基性火山岩（岩心中也保存此沉积物）和石炭纪局部构造高点之上。这些沉积物为风成沉积供应提供了主要的本地物源[12,27]。

11

对德国中北部的第二研究区进行研究，重点分析覆盖在主要目的层成层序列上的沉积物。这一研究区位于 SPB 南部。Hannover 组 Dambeck 段期间，薄砂岩堆积，但以盐沼和湖泊沉积为主[2]。自 Dethlingen 组出现之后，该研究区受到短期的、广泛的海侵（Hannover 组 Niendorf 段和 Munster 段[16,17]）的影响，形成 SPB 中央的浅湖。

参考文献

1. Menning M, Hendrich A (eds) and Deutsche Stratigraphische Kommission (2002) Stratigraphische Tabelle von Deutschland 2002. Tafel 96×130 cm oder Falt-Tafel A4; Potsdam (GeoForschungsZentrum), Frankfurt a. M. (Forsch. -Inst. Senckenberg). ISBN 3 − 00 − 010197 − 7.

2. Plein E (1995) Stratigraphie von Deutschland I, Courier Forschungsinstitut Senckenberg, vol 183.

3. Stollhofen H, Bachmann NGH, Barnasch J, Bayer U, Beutler G, Franz M, Kästner M, Legler B, Mutterlose J, Radies D (2008) Upper Rotliegend to early cretaceous basin development. In: Littke R, Bayer U, Gajewski D, Nelskamp S (eds) Dynamics of complex intracontinental basins; the central European basin system. Springer, Berlin, pp 181 − 210.

4. Glennie KW (1972) Permian Rotliegendes of northwest Europe interpreted in light of modern desert sedimentation studies. AAPG Bull 56: 1048 − 1071.

5. Glennie KW (1983) Early Permian (Rotliegendes) palaeowinds of the North Sea. Basin analysis and sedimentary facies; sedimentology at various scales. Sediment Geol 34 (2 − 3) 245 − 265.

6. Bachmann GH, Hoffmann N (1997) Development of the Rotliegend basin in Northern Germany. In: Geologisches Jahrbuch RD Mineralogie, Petrographie, Geochemie, Lagerstaettenkunde, vol 103. pp 9 − 31.

7. Gast R (1995) Sequenzstratigraphie. In: Plein E (ed) Stratigraphie von Deutschland I; Norddeutsches Rotliegendbecken—Rotliegend-Monographie Teil II. Courier Forschungsinstitut Senckenberg, vol 183. pp 47 − 54.

8. Gebhardt U, Schneider J, Hoffmann N (1991) Modelle zur Stratigraphie und Beckenentwicklung im Rotliegenden der Norddeutschen Senke. Geol Jahrb A127: 405 − 427.

9. Hoffmann N, Kamps H-J, Schneider J (1989) Neuerkenntnisse zur Biostratigraphie und Paläodynamik des Perms in der Nordostdeutschen Senke—ein Diskussionsbeitrag. Z Angew Geol 35: 198 − 207.

10. Hoffmann N (1990) Zur paläodynamischen Entwicklung des Präzechsteins in der Nordost-deutschen Senke. Niedersächsische Akademie der Wissenschaften, Geowissenschaftliche Veröffentlichung, vol 4. pp 5 – 18.

11. van Wees JD, Stephenson RA, Ziegler PA, Bayer U, McCann T, Dadlez R, Gaupp R, Narkievicz M, Bitzler F, Scheck M (2000) On the origin of the southern Permian basin, central Europe. Mar Pet Geol 17: 43 – 59.

12. McCann T (1998) The Rotliegend of the NE German basin: background and prospectivity. Pet Geosci 4: 17 – 27.

13. Plein E (1993) Bemerkungen zum Ablauf der palaeogeographischen Entwicklung im Stefan und Rotliegend des Norddeutschen Beckens. Observations on Stephanian and Rotliegendes palaeogeography in the North German Basin. In: Zur Geologie und Kohlenwasserstoff-Fuehrung des Perm im Ostteil der Norddeutschen Senke. Geology and hydrocarbon potential of the Permian rocks of the eastern North German Basin: Geologisches Jahrbuch. Reihe A: Allgemeine und Regionale Geologie BR Deutschland und Nachbargebiete, Tektonik, Stratigraphie, Palaeontologie, vol 131. pp 99 – 116.

14. Börmann C, Gast R, Görisch F (2006) Structural and sedimentological analysis of an earlyl ate Rotliegendes graben based on 3D seismic and well log data, German North Sea. Pet Geosci 12: 195 – 204.

15. Gast R, Gaupp R (1991) The sedimentary record of the late Permian saline lake in N. W. Germany. In: Renaut RW, Last WM (eds) Sedimentary and paleolimnological records of saline lakes. National Hydrology Research Institute, Saskatoon, pp 75 – 86.

16. Gast R, Gebhardt U (1995) Elbe Subgruppe. In: Plein E (ed) Stratigraphie von Deutschland I: Norddeutsches Rotliegendbecken—Rotliegend-Monographie Teil II. Courier Forschungsinstitut Senckenberg, vol 183. pp 121 – 145.

17. Legler B, Gebhardt U, Schneider JW (2005) Late Permiannon-marine—marine transitional profiles in the central southern Permian basin. Int J Earth Sci 94: 851 – 862.

18. Stemmerik L, Ineson JR, Mitchell JG (2000) Stratigraphy of the Rotliegend group in the Danish part of the northern Permian basin, North Sea. J Geol Soc 157: 1127 –1136.

19. Stemmerik L (2001) Sequence stratigraphy of a low productivity carbonate platform succession: the upper Permian Wegener Halvø formation, Karstryggen area, East Greenland. Sedimentology 48: 79 – 97.

20. Gast RE (1988) Rifting im Rotliegenden Niedersachsens, Rifting in the

12

Rotliegendes of Lower Saxony: Die Geowissenschaften Weinheim, vol 6, no 4. pp 115 – 122.

21. Rieke H, Kossow D, McCann T, Krawczyk C (2001) Tectono-sedimentary evolution of the northernmost margin of the NE German basin between uppermost Carboniferous and late Permian (Rotliegend). Geol J 36 (1): 19 – 38.

22. Gast RE (1991) The perennial Rotliegend saline lake in NW Germany. Geol Jb A119: 25 – 59.

23. Glennie KW (1990) Introduction to the petroleum geology of the North Sea, vol 3. Wiley-Blackwell, p 416.

24. Ziegler PA (1990) Geological atlas of western and central Europe. Shell, 2nd edn. The Hague, p 239.

25. Schwarzer D, Littke R (2007) Petroleum generation and migration in the, 'tight gas' area of the Germany Rotliegend natural gas play: a basin modelling study. Pet Geosci 13: 37 – 62.

26. Kocurek G (2003) Limits on extreme eolian systems: Sahara of Mauritania and Jurassic navajo sandstone examples. In: Chan MA, Archer AW (eds) Extreme depositional environments: mega end members in geologic time: geological society of America special paper, vol 370. pp 43 – 52.

27. Glennie KW (1990) Rotliegend sediment distribution: a result of Late Carboniferous movements. In: Hardman RFP, Brooks J (eds) Proceedings of tectonic events responsible for Britain's oil and gas reserves, vol 55. Geological Society of London, Special Publications, pp 127 – 138.

28. George GT, Berry JK (1997) Permian (upper Rotliegend) synsedimentary tectonics, basin development and palaeogeography of the southern North Sea. In: Ziegler K, Turner P, Daines SR (eds) Petroleum geology of the southern North Sea: future potential, vol 123. Geological Society of London, Special Publications, pp 31 – 61.

第3章 资料与方法

3.1 资料和方法

本研究以多学科资料为基础，包括三维地震资料、测井资料和岩心资料。地震资料包括 293 km² 三维地震数据体叠前深度偏移（PSDM）和叠后时间偏移（PSTM）。而且，地震资料集包含一条长 100 km 呈东西走向的 PSTM 二维地震线，这条地震线横贯三维地震勘测南部（图 3.1）。在声波测井曲线标定的基础上，利用速度模型对区域二维地震线进行深度转换。本研究还处理了 14 口井的资料，包括 7 口井的数字化电缆测井资料和 7 口井的完井报告及测井曲线，前 7 口井中有 4 口井为岩心资料，1 口井为 FMI/FMS 测井资料。其中有 6 口井位于勘测东部构造高点之上，这是数据覆盖最好的区域。有关主要数据集的概述如图 3.1 和图 3.2 所示。

除德国西北部重点研究区的数据集之外，第二组数据集包括 8 口井的岩心资料和钻井记录，以及一条二维 PSTM 地震线（图 1.2 所示的位置）。本研究区也被称为德国中北部研究区。扫描地震线，通过影像编辑使地震层位的质量得到明显提高。根据几口井的钻井记录，利用速度模型解释深度转换。通过位于二维地震线中部的井 I 可以找到井控。

地震数据的构造解释主要是对深度偏移的地震资料进行研究。为了将区域二维地震线与三维地震数据体连接起来，在声速的区间速度基础上进行了深度转换。地震解释和深度转换主要利用斯伦贝谢的 Petrel 软件包完成（图 3.2）。

为了分析可容空间和断层诱导的古地形，生成了等厚线图。等厚线是真实地层厚度值相等的各点的连接线。在编制等厚线图时，可以绘制某一特定地层段垂直于这一层段上下层的厚度。沉积厚度的增加指示沉积中心，如小型次盆地和地堑。在同沉积断裂活动期间，上盘（hanging wall）断裂诱导

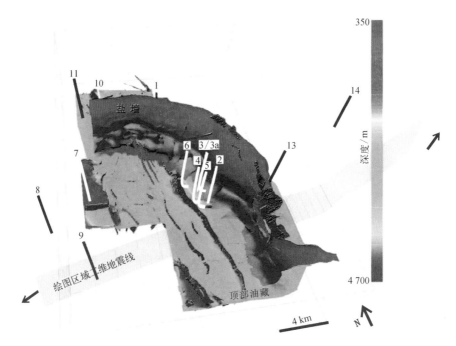

图 3.1 德国西北部地震数据图（从南部视角观察）

三维地震图呈现出断层、岩墙和储层顶部；上覆地层蔡希斯坦统的断层呈粉色；区域二维地震测线穿过三维地震勘探区南部，并继续向东延伸约 80 km；存在井用黑色和白色标示。

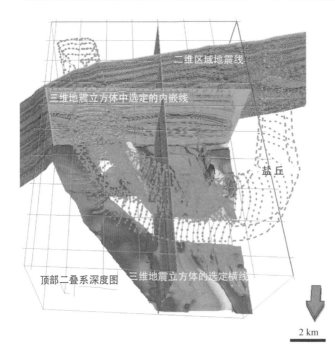

图 3.2 德国西北部的地震数据集图（从北部视角观察）

三维地震勘探呈现出结构模型、盐底辟扩展和 Top Rotliegend 深度图；区域二维地震线穿过三维地震勘探区南部，并继续向东延伸约 80 km；盐丘范围向西延伸；基于 Jaritz[16] 和 Baldschuhn 等[17] 研究的位于地震勘探区外侧的盐丘形状。

沉积中心发育。为了对二叠纪层段可容空间进行详细分析，在三维深度偏移数据集上对 7 个层位进行了解释。二叠纪标志层由上而下依次为 Top Zechstein、Top A2 Zechstein、Top Z1 Zechstein、Top Rotliegend、气藏顶部 Top Bahnsen（图 3.1）、气藏基底 Top Ebstorf 和上 Rotliegend Ⅱ 基底。此外，根据三维数据对控制上 Rotliegend Ⅱ 层段的 93 条 NNW—SSE 向、南北向正断层和 30 条东西走向断层进行解释。在区域二维地震线上对另外 18 条 Rotliegend 断层进行观测。这些为储层层段内以地震反射层为界的特定地层单元生成等厚线图。

在解释储层周围附近地带二叠纪地层的基础上，还对研究区的构造发育进行了分析。根据地震层位解释给出 13 幅关键地层单元的等厚线图，这些地层单元分别为 Rotliegend、Zechstein、下 Buntsandstein、上 Buntsandstein（Röt Member）、下 Muschelkalk、中 Muschelkalk、上 Muschelkalk、下 Keuper、上 Keuper ± Jurassic、下白垩统，Cenomanian-Santonian（上白垩统早期）、Campan（上白垩统）以及 Maastrichtian（上白垩统后期）。不同的沉积物载荷是对区域构造、局部构造以及盐分运动的响应，这为阐释构造演化史提供了一个重要的参量。在研究区中，沉积厚度的增加或减少的区域表明构造活动与盐运动相关。用正断层上盘沉积厚度的增加与下盘沉积厚度的减少作对比，来判定断层诱导古地貌的存在。

此外，将以下 10 个解释地层用于逐步的序惯（sequential）复原（retro-deformation）：Top Rotliegend、Top Zechstein、Top Solling（上 Buntsandstein；Röt 蒸发岩基底）、Base Muschelkalk、Base Keuper、Base Upper Keuper、Base Cretaceous、Base Upper Cretaceous、Base Maastrichtian（上白垩统后期）和 Base Tertiary。序惯复原的主要目的是分析并减少在特定时间内影响和控制盆地几何形态演化过程的因素（例如文献 [1]）。针对复原目的的算法的详细描述见 7.2 节。

利用 14 口井的资料以测定沉积相分布，这些资料包括 7 口井的数字化电缆测井和 4 口井的岩心资料。在 3.1 节中，将根据钻井岩心分析沉积相，并对沉积环境进行描述。利用地层倾角测井和地层微电阻率扫描成像测井（FMI/FMS），对风成沉积序列前积层的倾角及倾斜方向进行分析。

现场模拟研究的主要目的是，了解储层构造及其组成要素并获得有关储集岩的特性和尺寸的知识。除野外工作之外，Google EarthTM 卫星图像、GeoEarthScope 提供的激光雷达（Light Detection and Ranging，LIDAR）资料（项目：GeoEarthScope Southern and Eastern California，目标：SoCal_Panamint）及美国地质调查局（USGS）数字地质图[2,3]，也被纳入研究范围。在野外研究中，对不同条件下的冲积扇沉积相、辫状河体系、风成沉积体（如沙丘沉积、沙丘间沉积和砂坪沉积）及季节性干湖泥滩沉积进行分类，并绘制了它们的分布图。根据 Jennings[2] 和 Jennings 等[3] 的研究确定了断层取向，并与通过高分辨率 LIDAR 数据、现场观测和卫星图像获得的测量结果进行比较。利用 X 射线衍射（XRD）和晶粒复合薄片对从野外研究期间采集的干湖湖面沙丘砂和黏土沉积物样品的组成进行了分析，这些沉积物分析结果可以用来测定风成沉积物的成因和组分成熟度。

3.2　方法：岩心沉积相分析

根据岩心分析解释沉积相是本研究应用的关键方法之一。由于研究过程中对大量的上 Rotliegend II 岩心（600 m）进尺进行测量，对沉积相进行细化分类是可行的，岩心资料（井 I —Ⅳ；图 7.2）可以从德国西北部研究区（图 3.1）3 口井（井 2、井 3 和井 3a）和德国中北部研究区的 4 口井中获得。这些分析提供了现今致密气藏岩石沉积过程中古沉积环境的重要信息。针对岩心资料进行分析，重点研究了粒径、黏土含量和沉积构造，最后将它们指定到沉积相。

下面的内容将介绍德国西北部主要研究区和中北部第二研究区重建的不同河流-风成沉积相组合，并给出典型实例。典型的干盐湖盆地发育季节性池塘/湖泊，池塘/湖泊边缘，风成泥滩，潮湿、半潮湿及干燥砂坪，风成沙丘和河流相组合的侧向附加沉积相和垂向叠加沉积相（图 3.3）[4,5]。

在岩心图像的配图说明中，N C GER 表示岩心资料源于德国中北部研究区，而 NW GER 是德国西北部致密气田岩心资料来源的简称。

3.2.1　池塘与湖泊

池塘或湖泊沉积物是由 100% 黏土组成的。这些沉积物是非晶质结构，呈红色薄板状［图 3.4（a）～（c）］，颜色从浅绿色到灰色都有。池塘或湖泊沉积分布在季节性干湖地区［图 3.5（a）］和沙丘间地区［图 3.5（b）］，其中（含盐）地下水位与沙丘间槽相交[7]。在一些地区，大量降雨过后，会在沙丘间洼地形成季节性干盐湖[8]。多数情况下，通过水平层理、平行层理和垂向非胶结小型断裂体系［图 3.4（b）］，可以识别出盐霜［图 3.4（c）］。

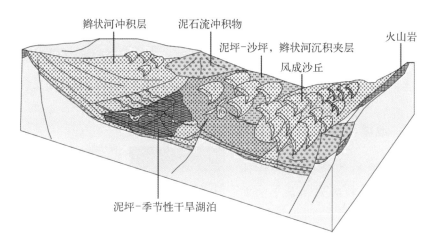

图 3.3 典型的干盐湖沉积环境示意图（根据文献［4，5，8］修改）

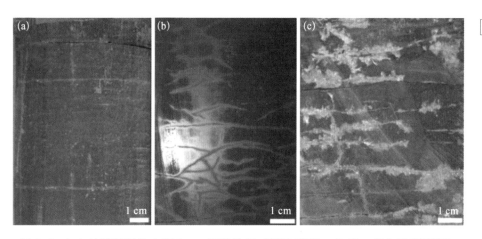

图 3.4 （a）池塘沉积物中有 1 mm 厚的沙层（NW GER，井 3）；（b）具有垂直和小水平微破裂网络的池塘沉积（N C GER，井 4）；（c）具有垂直和小水平微破裂网络的池塘沉积，岩心展示出沿着裂隙系统发育的岩花（N C GER，井 4）

图 3.5 (a) 加拿大帕纳明特山地的浅盐沼湖；(b) 死谷山丘迁移到山丘间隙

3.2.2 池塘与湖泊边缘

池塘/湖泊边缘沉积的特征是，细粒至中粒砂岩和黏土的夹层，形状不规则，大小不同。波痕纹理（ripple lamination）最为常见。通常，湖泊边缘沉积在半水生环境（sub-aquatic milieu）中形成。风成砂岩夹层是由沙丘层系进积到池塘或湖泊中形成的［图 3.6 (a) (b)］[4,5]。

另一种沉积环境模式是河流成因，这种沉积环境导致黏土和砂岩紧密夹层呈不规则分布。对于这种情况，砂岩是河道和片流汇入湖泊产生的结果。

3.2.3 风成泥滩

风成泥滩沉积是由粉砂岩和砂岩夹层透镜体组成的波状层理

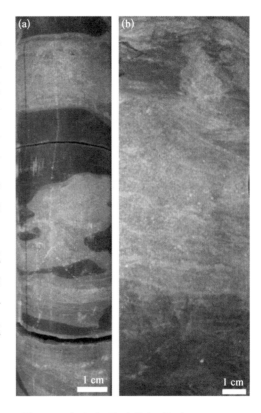

图 3.6 (a) 河流边缘沉积（NW GER，井 3）；(b) 河流边缘沉积和过成熟砂岩的嵌入（N C GER，井 1）

黏土岩［图 3.7（a）～（d），图 3.8］。它们的特征是黏土质量分数大于 50%[6]。这种沉积主要在没有可辨别水流的伴生水环境中形成，最有可能在季节性池塘或湖泊中形成。干裂缝和软碎屑指示泥滩沉积的周期性陆相展布，在展布过程中，黏质砂和粉土被同沉积的风力吹到潮湿沉积环境表面[8]。此外，黏性波纹（adhesive ripples）是这一沉积构造的特征[7]。在大多数情况下，泥滩沉积是非层状沉积，但含有丰富的沉积后脱水构造和最有可能的脱盐结构，如旋卷层理、火焰状构造和砂岩岩脉［图 3.7（d）］。

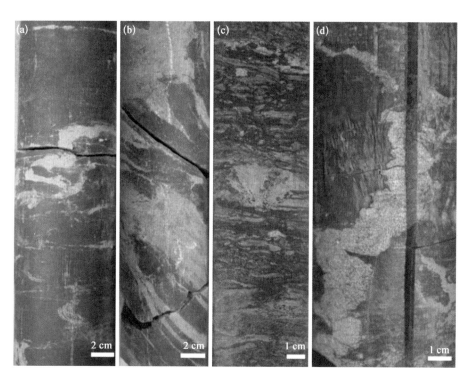

图 3.7　（a）风成泥滩沉积中的卷积层（NW GER，井 3）；（b）风成泥滩沉积（NW GER，井 3a）；（c）风成泥滩沉积中的卷积层（N C GER，井 Ⅱ）；（d）风成泥滩中的嵌入砂

岩心照片来自 Antrett[18]

3.2.4　湿砂坪与半湿砂坪

湿砂坪沉积是细粒和极细粒、分选性差的砂岩和粉砂岩，黏土质量分数为 20%～50%［图 3.9（a）（b）］[6]。半湿砂坪沉积是中粒至细粒砂岩，含有

图 3.8　沙丘间隔处的风成泥滩和潮湿砂坪（图片拍摄自加拿大帕纳明特山谷）

图 3.9　（a）潮湿砂坪沉积（NW GER，井 3）；
　　　　（b）潮湿砂坪沉积（N C GER，井 Ⅱ）

少量的粉砂岩，黏土质量分数小于 20%［图 3.10（a）（b）］[6]。这两种沉积都具有不连续、不规则、波状泥质黏附结构（例如波纹）和小范围扭曲（振幅小于 0.2 m）的特点。它们经常伴生不规则的透镜体，在透镜体中，砂的含量和丰富的沉积后脱水构造一致[9,10]。原始沉积分层会受到沉积表面之下盐的沉淀及溶解的干扰。在某些情况下，晶粒流沉积赋存表明，可以与干旱风成沉积区侧向连通。黏结砂和风蚀延迟较为常见。一般情况下，潮湿砂坪和半潮湿砂坪以沙丘间或沙丘地边缘的形式出现，砂坪是由于沉积在潮湿的基底上[9]、覆盖在浅层地下水位上导致的。对于潮湿砂坪沉积而言，其表面会周期性地被洪水淹没。

22

图 3.10　（a）由于通缩滞后而截断的潮湿砂坪沉积（NW GER，井 3）；
　　　　　（b）黏附滞后的潮湿砂坪沉积（N C GER，井Ⅳ）

3.2.5　干砂坪

干砂坪沉积的是成熟的、层理均匀的细晶-粗晶级砂岩。在大多数情况

图 3.11 存在粗粒颗粒流的干砂坪沉积物（N C GER，井Ⅱ）

下，它们的粒度呈现出典型的风成双峰态分布和低角度平移风成纹层（倾角小于 5°；图 3.11）[9]。小沙丘、波纹残余 [图 3.12（a）]、颗粒脊、滞留沉积和内部低角度侵蚀面最为常见[8]。干砂坪可能是沙丘层的一部分，也可能是沙丘堆积的边缘 [图 3.12（a）]，还可能孤立地出现在风速高的地区。它们来源于细砂补给、浅层地下水位或稳定表面 [图 3.12（b）][8]。在干沙丘间环境中，沉降通常相对较慢，这是由于垂向加积而非侧向加积，并有一段时间的风蚀。

大厚度的干砂坪只出现在席状砂中，这些席状砂发育在沙丘地上风向（近端）或下风向（远端）边缘，是在强风持续较长时间和砂供应有限的情况下形成的[10-12,14]。

图 3.12 （a）帕纳明特山谷沙丘地边缘位置的干燥沙地；
（b）帕纳明特山谷沙丘地边缘位置的潮湿沙地

3.2.6 风成沙丘（基底）

风成沙丘沉积是层理良好、粒度粗细不等的成熟砂岩 [图 3.13（a）（b），

图 3.14]。这种沉积的特点是具有大规模的薄片状交错层理和双峰晶粒叠层的前积层。粗粒度的颗粒流沉积与细粒度的悬浮脱落沉积伴生。颗粒大小会因盛行风速、源区和沙丘地中沙丘的位置而变化。风成沙丘的典型特征是倾角向上变大的交错层理。风成沙丘基底的倾角为 5°~15°，而风成沙丘的倾角为 15°~35°，平均倾角为 22°（图 3.15）[10]。

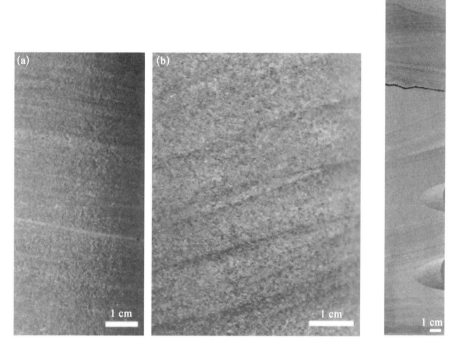

25

图 3.13 （a）加长型风成沙丘基底矿床（NW GER，井 3）；（b）风成新月形沙丘沉积（NW GER，井 3）

图 3.14 风成沙丘基底和沙丘（N C GER，井 Ⅱ）

在本研究中，沙丘沉积可以细分为 Barchanoid 沙丘 [图 3.13（b）] 和 Aklé 沙丘 [小型混合沙丘层；图 3.13（a），图 3.15（b）]。Barchanoid 沙丘 [图 3.13（b）] 是新月形沙丘，其两翼顺风逐渐变细[8]。单沙丘与相邻沙丘之间以坚实的基底岩或固定的粗砾分隔开（风蚀残积）[8]。新月形沙丘的发育说明沙源供给有限或风速高[13,15]。由于新月形沙丘的高沙丘脊弯曲，这些砂岩在古运移标志（palaeo transport indicators）中分布广泛，各个层彼此截断。相比之下，Aklé 沙丘 [图 3.13（a）] 是在丰富的沙源供给条件下发育

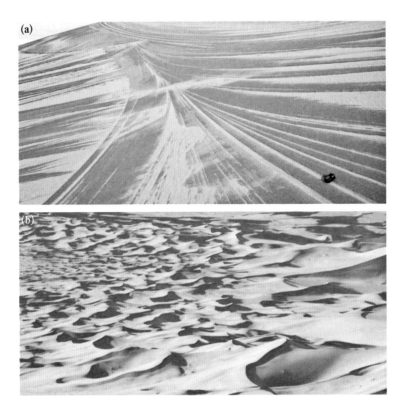

图 3.15 （a）加拿大尤里卡山谷沙丘区域；（b）加拿大帕纳明特山谷，
暴雨后风成沙丘的侵蚀不整合面以及前积层

的一种弯曲冠状沙丘，这种沙丘内部以向单峰倾斜方向[8]倾斜的交错层理
为主。

3.2.7　低能曲流河沉积

粒度在黏土和粗粒砂之间变化。小规模的切变－山字形（tangential epsilon）交错层理最为常见。这一交错层理的下部是细粒沉积物，上部是颗粒度相对较粗的沉积物。此外，受河流影响的该造型沉积是少量的撕裂碎屑和黏土碎屑（图 3.16）。

3.2.8　高能辫状河沉积

辫状河体系（图 3.17）的特征是粗粒（砾岩状）砾石坝沉积物和细粒河道砂的交错层理（图 3.18）。砾石坝砾岩是含有层外碎屑和砾石、层内外碎屑和砾石的混合物。在内部，砾岩呈现出粗糙层理、卵石排列或叠瓦、正反向分级，或者完全无序[10]。砂岩夹层是分层的，含有浮动碎屑。这种近端河相可以向上进入其他河相，也可以突然被风沙相[10]覆盖。

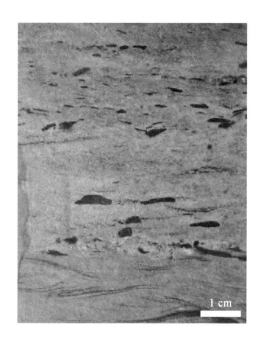

图 3.16　含 ε-交错层状和黏土冲蚀碎屑的低能量河流沉积（N C GER，井I）

图 3.17　帕纳明特山谷一个干辫状河系统的浅层冲沙河道

28

图 3.18 辫状河沉积 (NW GER, 井 3)

29 **参考文献**

1. Rowan MG (1993) A systematic technique for the sequential restoration of salt structures. In: New insights into salt tectonics; collection of invited papers reflecting the recent developments in the field of salt tectonics, Cobbold. Tectonophysics, vol 228 (3-4), pp 331-348.

2. Jennings CW (1975) Fault map of California with location of volcanoes, thermal springs, and thermal wells: California Division of Mines and Geology Geologic Data Map No. 1, scale 1:750,000, 1 sheet.

3. Jennings CW, Bryant WA, Saucedo G (2010) Fault activity map of California. California geological survey 150th anniversary: California geologic data map series

map no 6, scale 1：750，000，1 sheet.

4. Hardie LA, Smoot JP, Eugster HP（1978）Saline lakes and their deposits：a sedimentological approach. In：Matter A, Tucker ME（eds）Modern and Ancient Lake Sediments. International Association of Sedimentologists Special Publication, vol 2, pp 7 − 42.

5. Rosen MR（1994）The importance of groundwater in playas：a review of playa classification and the sedimentology and hydrology of playas. In：Rosen MR（ed）Paleoclimate and basin evolution of playa systems. Geological Society of America, Special Paper, vol 289, pp 1 − 18.

6. Amthor JE, Okkerman J（1998）Influence of early diagenesis on reservoir quality of rotliegende sandstone, Northern Netherlands. AAPG Bull 82：2246 − 2265.

7. Glennie KW（1970）Desert sedimentary environments. Elsevier, Developments in Sedimentology, vol 14, Amsterdam, p 222.

8. Leeder M（1999）Sedimentology of sedimentary basins—from turbulence to tectonics. Blackwell Science, Oxford, p 608.

9. Mountney NP, Jagger A（2004）Stratigraphic evolution of an erg margin aeolian system：the Permian Cedar Mesa Sandstone, SE Utah, USA. Sedimentology 51：713 − 743.

10. George GT, Berry JK（1993）A new palaeogeographic and depositional model of the Upper Rotliegend, offshore the Netherlands. In：North CP, Prosser DJ（eds）Characterization of fluvial and aeolian reservoirs. Geological society of London, Special publication, vol 73, pp 291 − 319.

11. Fryberger SG, Ahlbrand TS, Andrews S（1979）Origin, sedimentary features and significanceof low-angle eolian 'sand sheet' deposits. Great Sand Dunes National Monument and vicinity, Colorado. J Sed Petrol 49：733 − 746.

12. Kocurek G, Nielson J（1986）Conditions favourable for the formation of warm-climate aeolian and sand sheets. Sedimentology 33：751 − 816.

13. Kocurek G, Townsley M, Yeh E, Havholm KG, Sweet ML（1992）Dune and dune field development on Padre Island, Texas, with implications for interdune deposition and water-table-controlled accumulation. J Sed Petrol 62：622 − 635.

14. Lancaster N（1995）Geomorphology of Desert Dunes. Routledge, London, p 312.

15. Bagnold RA（1954）The Physics of blown Sands and desert dunes, 2nd edn. Chapman and Hall, London 265p.

16. Jaritz W（1973）Zur Entstehung der Salzstrukturen Nordwestdeutschlands. Geol Jb A10：1 − 77.

17. Baldschuhn R, Best G, Binot S, Brückner-Röhling S, Deneke E, Frisch U, Hoffmann N, Jürgens U, Kockel F, Krull P, Röhling H-G, Sattler-Kosinowski S, Stancu-Kristoff G, Zirngast M (1999) Geotektonischer Atlas von Nordwest-Deutschland und dem deutschen Nordsee-Sektor. In: Baldschuhn R, Binot F, Frisch U, Kockel F (eds) Geologisches Jahrbuch Reihe A, vol 153, p 88, 3CDs.

18. Antrett P (2011) Characterization of an upper permian tight gas reservoir—a multidisciplinary, multi-scale analysis from the Rotliegend. Northern Germany, Dissertation, p 125.

第4章 德国西北部二叠纪致密气藏的同沉积构造因素及古地形

4.1 概 况

近年来，随着水平钻井和水力压裂等新技术的发展，致密气藏的开采流程大大简化、优化，由此，致密气藏的开发受到越来越多的关注。业界对"致密气藏"的定义尚未完全统一。Law 和 Curtis[1] 将低渗透砂岩储层定义为渗透率小于 0.1 mD 的储层。自那以后，在美国，这一渗透率的值就一直作为一种政治保证金（political margin），以确定哪些油井值得政府为天然气开采提供资金[2]。相比之下，德国石油与煤科学技术学会将致密气砂岩气藏定义为渗透率小于 0.6 mD 的储层。

影响致密气藏质量的因素包括储层结构、流体动力学、胶结物类型、孔隙结构、参数等，迄今为止，在综合研究中很少有人对这些因素进行分析。在研究区，致密气藏的致密性主要是由于石英次生加大和纤维状伊利石发育，它们通过胶结孔隙空间和孔喉降低砂岩的渗透率[3,4]。然而，控制致密储层质量的另一个因素可能是同沉积断层活动和沉积后断层活动，由于断层和断裂带的动态行为的变化，这些断层活动会对流体流动产生重大影响[5-7]。断层不仅影响水硬活性（hydraulic activity）增强区中有利的成岩作用、矿化作用和流体流动，而且控制着断层之间的沉积厚度和沉积相分布[8]。同沉积断层活动导致的下盘隆起带（footwall highs），有助于发育合适的储集岩，如辫状河冲积扇或上风和顺风的风力作用堆积的风成砂体[9]。风成砂体由于其结构成熟度和成分成熟度较高而属于高质量的 Rotliegend 储集岩。

本研究以德国西北部的致密气田为研究对象，该气田位于 Ems 地堑和格罗宁根高地以东的东弗里西亚（East Frisia）（图 1.2）。这一气田的储集岩是河流-风积成因的岩石，包括新月形沙丘、湿-干沙丘间、辫状河沉积和冲积

[32] 扇相沉积，属于上 Rotliegend Ⅱ 层段（图 2.2）[10-14,38]。在研究区区域，上 Rotliegend Ⅱ 单元的厚度介于 180~450 m，主要由上 Rotliegend Ⅱ Elbe 子群 的 Ebstorf 段至 Heidberg 段组成（图 2.2）。研究表明，断层相关的古地形和 断层相关的坳陷可以控制不同沉积成因的储集岩砂体的圈闭。这些分析为未 钻孔区和多相构造区提供了关键的信息。因此，研究随时间变化的断层活动 和分析活动断裂对沉积分布的影响，是成功预测气藏储集岩位置的重要 因素。

　　研究区位于 SPB 盆地 WNW—ESE 走向的西南缘（图 1.2）。在上 Rotliegend Ⅱ 沉积期间，SPB 盆地南北宽为 300~600 km，全长 1 700 km，从 英国东部延伸至波兰中部和捷克，面积约为 430 000 km²[15]。这个盆地是不 对称的，最深处位于北部[16,17]。现今，盆地构造反映了区域应力体制变化的 长期影响，这影响着华力西造山运动及之后欧洲地壳的重组。该盆地由几个 NW—SE 走向的拉裂构造子盆地（en éclon）组成，包括 Silverpit/Dutch 盆 地、德国北部盆地和波兰盆地，这些盆地被南北向和 NNW—SSE 向的华力 西基底隆起所分隔[18]。

　　SPB 盆地上 Rotliegend Ⅰ 通常被认为是在早期 Rotliegend 岩浆强烈作用 后主要由压实和热松弛所驱动的一个构造期[15]。相比之下，上 Rotliegend Ⅱ 的特点是伸展断层（Altmark Ⅰ—Ⅳ 构造阶段，图 2.2）[19]。这些构造阶段构 成了特提斯海和北极-北大西洋形成之前连续的断裂活动[20,21]。

　　为了确定适合油气勘探的 Rotliegend Ⅰ 和 Rotliegend Ⅱ 沉积中心，根据 Gast[22] 研究的下萨克森盆地，Baltrusch 和 Klarner[23] 研究的德国东北部盆地 以及 Helmuth、Schretzenmayr[24] 和 Paul[25] 研究的 Ilfeld 盆地，对晚石炭世和 Rotliegend 期间与区域扭张性变形相关的大规模同沉积地堑体系进行评价。 基于对研究区东南方 50 km 处的下萨克森州盆地三维地震资料进行解释， Gast 和 Gundlach[26] 描述了地堑形成的两个阶段：一是早期 Rotliegend Ⅰ 地 堑，限制在 WNW 向的走滑断裂系统，这是 SPB 盆地早期构造演化的一部 分；二是晚期 Rotliegend Ⅱ 地堑，与南北向再生断层体系的大范围的东西向 伸展和较小的走滑变形有关。

[33] 　　Bormann 等[18] 采用层序地层方法研究表明，德国北海区东北-西南向拉 张盆地的形成，与早期 Rotliegend 火山活动同时发生，而南北向正断层在晚 期 Rotliegend 是活跃断层。George 和 Berry[27] 用英国和荷兰北海 258 口井的

资料证实上 Rotliegend Ⅱ 期间同沉积构造活动。他们认为，在晚期 Rotliegend，SPB 盆地中走滑断层和倾滑断层同时发育。本研究中，北西-东南向的前二叠纪基底线型构造在以右旋斜滑断层和左旋斜滑断层为界的东西向拉伸成盆构造内活化。

在德国中北部和德国北海区，Bachmann 和 Hoffmann[4] 定义的 Altmark Ⅰ—Ⅳ 构造脉冲与一系列地层单元相关联，这些地层单元将上 Rotliegend Ⅱ 划分为四个向上细化层序（图 2.1、图 2.2）[7-10]：Parchim 组、Mirow 组、Dethlingen 组和 Hannover 组，其中只有上 Dethlingen 组和 Hannover 组形成致密气藏。自 Dethlingen 组沉积以后（图 2.2），常年性盐湖发育在 SPB 盆地的中央[32]。短期但广泛的海侵形成的季节性浅湖，表现为 Dethlingen 组 Garlstorf 段和 Schmarbeck 段与 Hannover 组 Niendorf 段和 Munster 段[33,34]。这些海侵需要倾向于盆地的地形梯度，它是由海平面以下的盆地底部下沉造成的，但也可以认为是由海平面高水位期引起的[35,36]。除湖泊沉积和海相沉积之外，河流-风成沉积也是研究区 Dethlingen 组和 Hannover 组沉积记录的重要组成部分。Gast[22] 和 Rieke 等[37] 认为，风成沉积物是由盛行东风供应的，且主要河流沉积源区位于南部华力西山地（Variscan）腹地[11,16]。

研究区储集岩（图 1.2、图 2.2）为河流风成岩，包括沙丘与湿-干沙丘间质沉积 Wustrow 段和 Bahnsen 段（Hannover 组、Elbe 子群和上 Rotliegend Ⅱ）。风成沙丘沉积是层理良好、粒度粗细不等的成熟砂岩，这种沉积的特点是呈薄板状交错层理和双峰晶粒叠层的前积层。风成沙丘基底由砂岩组成，倾角介于 5°~15°，风成沙丘的倾角为 15°~35°，平均倾角为 22°[38]。沙丘间单元具有多种相类型，反映聚积时沉积面的性质[39,40]。

干砂坪沉积是成熟的细晶至粗晶砂岩，层状均匀，粒度呈双峰态分布和交错层理，倾角小于 5°。这种沉积以低角度平移风成波痕层理为主[39]。湿砂坪沉积是细粒和极细粒、分选性差的砂岩和粉砂岩，黏土质量分数介于 20%~50%[41]。半湿砂坪是中粒至细粒砂岩，黏土质量分数小于 20%[41]。这两种沉积都发育了不间断、不规则的波浪状泥质黏附结构（如波纹），发生小尺度弯曲（<0.2 m 幅度），并且经常伴随着不规则的，透镜状的砂岩聚集[38,39]。

烃源岩是威斯特伐利亚煤，顶部密封层为 Zechstein 蒸发岩[42]。

4.2 资料与解释方法

本研究介绍的地震解释是建立在叠前深度偏移三维地震反射体和叠后时间偏移地震体基础上的，中部南北向最大范围约为 23.5 km，东西向最大范围约为 17.5 km，总面积 293 km²。研究中的地震反射勘探是根据 1995 年、1996 年和 2001 年采集的 3 个数据集融合而成的。数据融合之后，迹长为 5 s，采样间隔为 4 ms，面元（Bin size）为 25 m×25 m，采集数据使用震源系统、炸药和气枪，地震极性为 SEG 正常极性。此外，还对穿过三维地震体南部（图 4.1）的东西向长约 205 km 区域二维地震线（叠后时间偏移）进行分析。

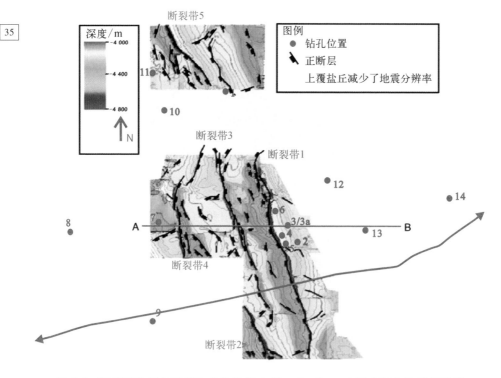

图 4.1　研究区油气田开发和结构特征在 Top Rotliegend 深度图上的详细说明

地震区域在图 4.2 中用东西向的红线表示，带箭头的红线表示二维地震线的方向。

这些数据是从 14 口井中获取的，包括 7 口井的数字化电缆测井资料，其中 4 口井为岩心数据，1 口井为地层微电阻率扫描成像测井（FMI/FMS），其他 7 口井的完井报告和测井记录（logs on paper）也在研究范围之内，有 6 口井位于勘探区东部的构造隆起（图 4.1）。

从时间域和深度域进行地震解释，对于构造解释而言，深度域数据是首选。将深度转换用于区域二维地震线，使其能够包含在解释中。三维深度偏移数据集共解释了 23 个层位，包括二叠纪层段内的 7 个层位。二叠纪标志层自上而下依次为（图 4.1、图 4.2）：Top Zechstein（正振幅 = "+"），Top A2 Zechstein（负振幅 = "−"），Top Z1 Zechstein（高振幅，"+"），Top Rotliegend（高振幅，"−"），Top Bahnsen（振幅变化，"+"）为气藏顶部，Top Ebstorf（"+"）为气藏基底和 Top Rotliegend Ⅱ 基底（"+"）。

根据三维数据，对控制上 Rotliegend Ⅱ 的 93 条 NNW—SSE 向和 N—S 向正断层及 30 条 W—E 向断层进行解释，在区域二维线上观测另外 18 条 Rotliegend 断层，对 4 个盐丘和盐枕进行解释，其中一个是根据三维数据进行详细解释的。在储层段内，以地震反射器为界的特定地层单元生成等厚线图。二维变形恢复建模用于区域二维地震测线，并分离三维地震数据的二维横截面。此外，还对以亚地震结构为重点的岩心和沉积相进行分析。

4.3　研究区的构造划分

在研究区中，通过对 Top Rotliegend 深度图模式（图 4.1）和构造地震资料的分析，可以测定 5 个 NNW—SSE 和 N—S 向正断层带，累计垂向偏移量可达 900 m（图 4.3）。这些断裂带发育在 NNW—SSE 和 N—S 向的盆地内，属 NW—SE 向半地堑，内部构造复杂，如转换斜坡、雁行断阶带斜坡构造等。主地堑带东部下盘（图 4.1）是研究区目前唯一的产气构造，该区有 6 口井可以穿透 Rotliegend 产气层。从东到西，识别并解释以下断裂带（图 4.1、图 4.3）。

断裂带 1（Fault Zone 1）主要由两条 NNW—SSE 向、向西的正断层段（方位角为 225°~330°，倾角为 60°~90°）组成，垂直偏移高达 905 m。这些断层是由左阶式叠接部位与释压弯曲处连接起来的，这表明断层为左旋扭张应力体系。断层最大垂直位移发育在断层控制的次盆地中，以东部小型正断层为界（图 4.4）。这很可能是由两个主断层之间的左旋扭张所引起的拉裂构造（图 4.4）。

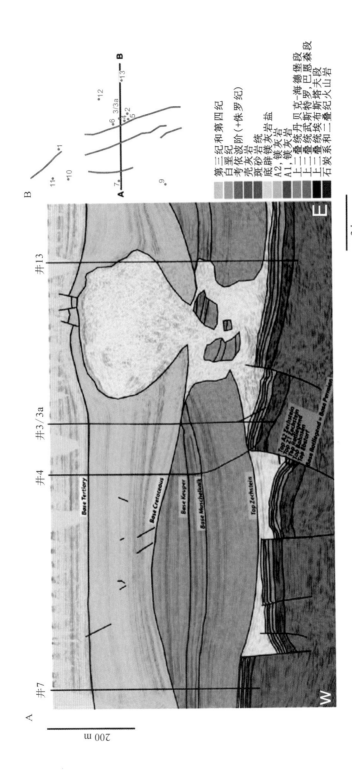

图 4.2　东西走向地震剖面解释主要地层间隔和二叠纪地层细节（截面位置如图 4.3 所示）

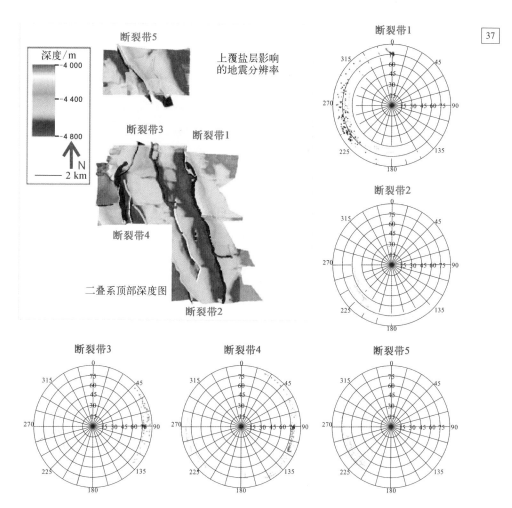

图 4.3　左上是研究区的主断层；在施密特等高线、上半球等高线图中，通过对地震资料的结构分析，构造了右向和下向的断层面

NNW—SSE 向断裂带 2（Fault Zone 2）（图 4.1）是西向正断层，形成 Rotliegend 层高达 575 m 的垂直位移（方位角为 225°~285°，倾角为 60°~80°）。

断裂带 3（Fault Zone 3）（图 4.1）由地堑系统中心 5 条 NNW—SSE 走向、倾斜方向相反的断层段构成（图 4.1、图 4.3）。南部有 3 条断层段向西倾斜（方位角为 225°~285°，倾角为 45°~90°），而北部有两条断层段向东倾斜（方位角为 45°~135°，倾角为 75°~90°）。北部断层的垂直位移高达 300 m，而南部断层的最大垂直位移仅为 150 m。由于这一断裂带沿走向的倾斜变化明显，它的构造活动很可能有相当大的走滑分量，从而引起斜向滑动运动。

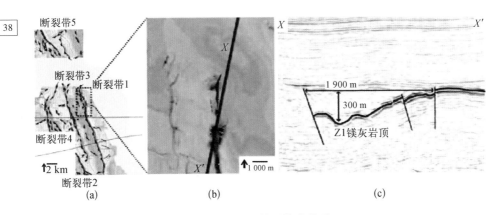

图 4.4　断层控制的次盆地

（a）工作草图；（b）Zechstein Z1 表面深度图；（c）与次级盆地长轴方向相平行的地震图
（用细线描绘断层和用粗线描绘的 Z1-Zechstein 水平地震线）

西部地堑肩以断裂带 4（Fault Zone 4）为界（图 4.1），这种断裂带由 3 条 N—S 至 NNE—SSW 向、向东倾斜的正断层段（方位角为 30°~150°，倾角为 80°~90°）和相关向西反向倾斜的断层构成。该区发育了高达 650 m 的垂直位移，断裂带 4 南部向断裂带 2 的延续中 NW—SE 向（方位角为 240°~285°，倾角为 80°~90°）西向断层段收敛，形成楔形窄地堑深部。N—S 至 NNW—SSE 向断层段中部发育高达 450 m 的位移。这就确定了 Top Rotliegend 深度为 4 050 m 的地堑肩，邻近浅海盆地的深度为 4 500 m。在南部，两条 N—S 走向断层是由左阶—后展式（left—stepping overstep）断层连接起来的，这与推断的左旋扭张应力体制一致。断裂带 4 下盘深度不均，而是由 WSW—ENE 向断层分隔，位移高达 500 m。

盐丘北部（图 4.1）断裂带 5 位于北部连续断裂带 1 和断裂带 3 的交界处。断裂区 5 主要由一条 NW—SE 向、向西倾斜的正断层（方位角为 190°~270°，倾角为 45°~85°）构成，垂直位移高达 400 m。断裂带 4 的上盘由一组 NW—SE 向、倾斜方向多变的小型断层构成。

4.4　根据地震资料分析古地貌

尽管 Top Rotliegend 深度图（图 4.1）提供了有关研究区现今构造格局的可靠信息，但必须消除二叠纪后的构造效应，才能获得上 Rotliegend Ⅱ 至

Zechstein 沉积时期断层形成的古地貌。为了实现研究区的这一目标，根据上 Rotliegend Ⅱ和 Zechstein 等厚图（图 4.5）以及单独的上 Rotliegend 亚单元，计算出厚度差（图 4.6）。

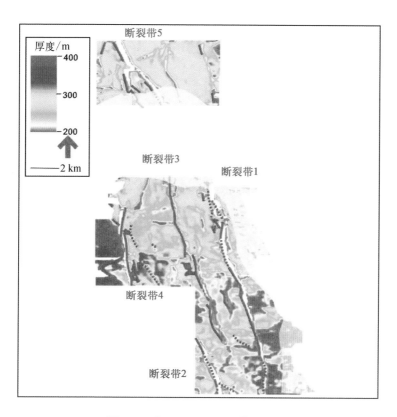

图 4.5　上 Rotliegend Ⅱ 等值线图

研究区的 Rotliegend 包括从 Ebstorf 基底到 Heidberg 顶部；对于 Rotliegend 观察到的古断层，标记为红色；影响地震分辨率的上覆底辟盐丘用透明的蓝色描绘；左侧拉裂子盆地中存在着与断层 1 相关联的局部沉积中心；最小沉积厚度发育在断裂带 4 的底部，而最大沉积厚度发育在断裂带 4 的上盘，形成了 Rotliegend 沉积中心；断裂带 3 呈现出明显的沉积厚度变化，最大沉积厚度为 400 m，发育在断裂带 3 的中间位置。

在以正断层为主的伸展构造体系中，沉积厚度增加与古上盘相对应，而沉积厚度减少与古下盘相对应（如文献［43］）。因此，在岩性均匀的地层中，即使是未压实的沉积厚度差也可以作为古地貌重建的代用资料。这里给出的值可以看作是最小值，因为去压实会增加断层诱导的厚度变化。

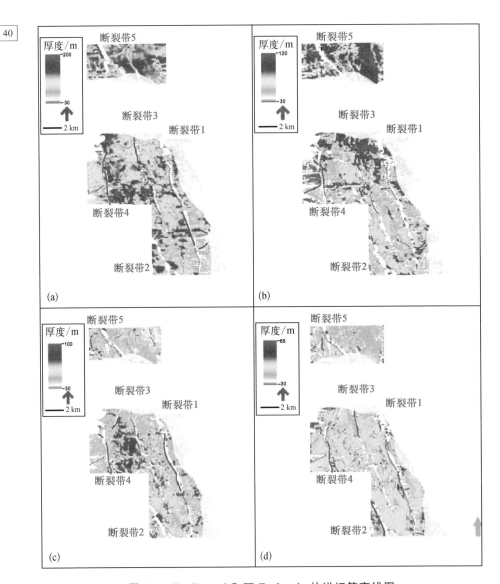

图 4.6　Rotliegend 和下 Zechstein 的详细等高线图

（a）从上 Rotliegend Ⅱ 底部到 Top Ebstorf；（b）从 Top Ebstorf 到 Top Bahnsen（储层等厚线图）；（c）从 Top Bahnsen 到 Top Rotliegend；断裂区 4 与古地势；（d）Zechstein Z1 等厚线图

在断层 1 和断层 3 之间的楔形结构周围可以看到增大的沉积厚度；在图 4.9 中各自观察到的古断层标示为红色；影响地震分辨率的上覆 Zechstein 盐丘为透明蓝色。

上 Rotliegend Ⅱ 地层的等厚线图（图 4.5）第一眼不能直接分辨出古上盘位置和古下盘位置。等厚线图只显示断裂带 1、断裂带 2 北段、断裂带南北段、断裂带 4 和断裂带 5 上盘上的沉积厚度略有增加，最大厚度沿断裂带分布，尤其发育在断裂带叠覆区、弯曲处和楔形处以及断层的压力释放区。例如，与断裂带 1 相关联的是同一走向的两个断裂带段之间的左阶发育局部拉裂沉积中心。在断裂带 3，上 Rotliegend Ⅱ显示下盘厚度介于 250~300 m，而在相邻上盘的左阶的局部厚度最大可达 400 m。断裂带 4 沿线，上盘的平均厚度为 400 m，而下盘的平均厚度仅为 200 m。局部上盘厚度高达 450 m，发育在南北向断裂段左阶与断裂带 2 和断裂带 4 的交汇区，显示与断裂格局整体吻合。

"上 Rotliegend Ⅱ基底至 Top Ebstorf"，"Top Ebstorf 至 Top Bahnsen"，"Top Bahnsen 至 Top Rotliegend" 和 "Top Rotliegend 至 Top Z1 Zechstein" 储层层段的详细等厚线图，将研究区的构造格局与各个地层组联系起来，从而限制古地貌演化［图 4.6（a）~（d）］。在上 Rotliegend Ⅱ基底至 Top Ebstorf 层段时期，断裂带 1 的南半部最初记录了约 80 m 的古地貌［图 4.6（a）］。经过漫长的时间，这一区域的断层活动向北移动［图 4.6（b）］，储层层段在 Top Bahnsen 至 Top Rotliegend 时期［图 4.6（c）］发育大于 50 m 的上盘厚度差［图 4.6（d）］，在早 Zechstein 时期［图 4.6（d）］趋于平缓。在左阶区，断层边界的上盘圈闭尤为明显。

相比之下，在本次测量的西南缘断裂带 2 中，研究 Rotliegend 层段过程中［图 4.6（a）~（c）］，显示厚度没有任何变化［图 4.6（a）~（c）］。然而，在 Z1 Zechstein 时期，Rotliegend 之后，断裂带 2 形成了几十米的古地貌［图 4.6（d）］。

断裂带 3 的中心部分显示上 Rotliegend Ⅱ基底至 Top Ebstorf 层段时期，下盘与断层边界上盘圈闭之间的厚度相差大于 100 m［图 4.6（a）］。在 Top Ebstorf 至 Top Bahnsen 层段的沉积过程中，这种厚度相差最大的断裂带向北移动［图 4.6（b）］。在后续 Rotliegend 时期［图 4.6（c）］中，此断裂带不再活动，但在早 Zechstein 时期断裂带发育厚度差异［图 4.6（d）］。

在所有研究的地层层段中，断裂带 4 的跨断层厚度差异最大。在研究层序的基础上，断裂带 4 的上下盘厚度相差大于 100 m［图 4.6（a）（b）］。在 Top Bahnsen 至 Top Rotliegend 时期，主沉积中心向东移动，移向断裂带 3［图 4.6（c）］，而断裂带 4 最后在早 Zechstein 时期失去了它的重要性［图 4.6（d）］。

在上 Rotliegend Ⅱ基底至 Top Ebstorf［图 4.6（a）］和 Top Bahnsen 至 Top Rotliegend 时期，断裂带 5 在上盘的隆起带仅表现为厚度差异较小［图 4.6（c）］。在上 Rotliegend Ⅱ基底至 Top Ebstorf 的沉积过程中，在断裂

42

带 1 和断裂带 3 北部延续区，厚度增加 ［图 4.6（b）］。

4.5 根据岩心和测井资料分析古地貌

根据岩心和测井资料，可以确定研究区各沉积单元的相对年龄和沉积相。辫状河控制的冲积层与上覆河流-风成（Ebstorf，图 2.2）Wustrow 和 Bahnsen 地层，在早 Rotliegend 火山岩或上石炭纪岩上有明显的不整合，保留在构造隆起。因此，只有上 Rotliegend Ⅱ地层的上部发育在 SPB 盆地的南缘。

上石炭纪/Top Rotliegend 火山岩与上覆 Ebstorf 组之间的不整合形成明显的标准层。由于 Ebstorf 地层代表着研究区中最老的上 Rotliegend 沉积，这种不整合为"上 Rotliegend Ⅱ基底"地震标准层。

43

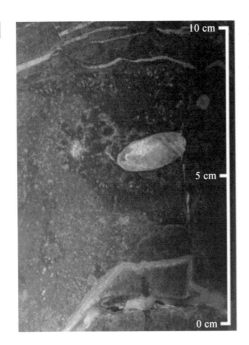

图 4.7 井 3 岩心中的安山岩，发育在储层之下

在断裂带 1 下盘的南部，上 Rotliegend Ⅱ基底至 Ebstorf 顶部的等厚图中 ［图 4.6（a）］，局部地区环状沉积厚度减薄最为明显。这些地区厚度减薄表明，剩余地势的玄武岩和安山质火山岩位于储集岩层段的正下方。岩心中仅发现了这一层段的火山岩（图 4.7），因为它们的厚度（<5 m）低于平均深度为 4 000 m 的地震分辨率。不过，这意味着火山活动发生在 Ebstorf 时期（前）。

井 1—3a 所钻遇的沙丘成因风成层系组是主要储集层，根据地震和测井解释，将其划分为上 Rotliegend Ⅱ Wustrow 组和 Bahnsen 组。在岩心段中测定单独的沙丘层系，显示最大厚度为 3 m（图 4.8）。在大多数情况下，它们被裹在湿到干的沙丘间沉积中。沙丘层系厚度有限、交错层理普遍及古迁移指示物分布广泛表明，这一砂体很可能是新月形沙丘形态。图4.8（b）显示了其中一个新月形沙丘沉积，并说明了前积层倾角方向的变

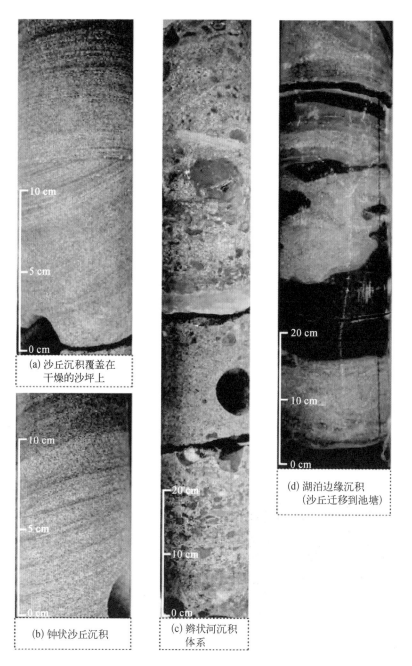

图 4.8　井 3 的岩心照片

岩心的演化主要由从潮湿到干燥的风成沉积控制；火山岩及其上覆的角砾岩和辫状流为主的冲积扇沉积物位于储层下部，亦是岩心的下部。

化。George 和 Berry[38]在北海南部的上 Rotliegend（SPB 盆地北部）也发现类似的新月形风成沙丘沉积。新月形沙丘的主要形态表明，沉积物供给有限或可容空间有限，这会阻挡更大、更稳定的沙丘形态发育，如横向沙丘[44]，或是风成系统建立在保存空间之上，几乎不可能是其岩石记录的一部分[45]。

4.6　蔡希斯坦统古地形的不确定性

图 4.9 表示弧形反射体在蔡希斯坦统 Z1 水平切面和横跨断裂带 1 上盘的地震剖面 $X—X'$ 和 $Y—Y'$ 中，被揭示为一种除盐结构。这种结构宽为 2.0 ～ 2.5 km，与断裂带平行（图 4.9，$Y—Y'$段），长达 880 m，垂直于断层线（图 4.9，$X—X'$段），厚度达 350 m，测量的倾角为 16°。此外，在断裂带 2 和断裂带 5 附近发现了两个较小的除盐结构。北楔位于断裂体系 5 的上盘，大小尺寸为 1.4 km×0.31 km，厚度为 110 m，平均地层倾角为 19°；南楔位于断裂带 2 的上盘，大小尺寸为 0.7 km×0.96 km，厚度为 290 m，平均倾角为 16°。

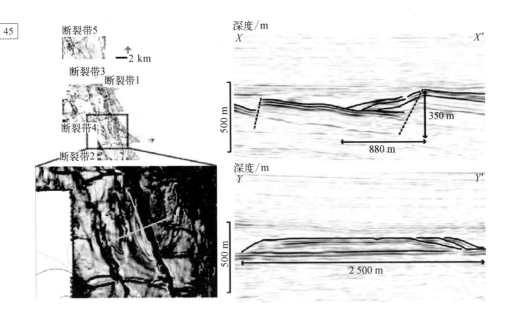

图 4.9　地震域内 Zechstein Z1 顶部中的水平切面图

左上为 Z1-Zechstein 顶部水平切面图与上覆盐和断层区注释；左下为 Z1－Zechstein 中楔形结构轮廓的放大图；右侧为 $X—X'$ 和 $Y—Y'$ 范围内的地震剖面；右上为垂直于与楔形结构相邻的断裂带 1 的地震剖面（可以观察到不同的盐循环或蚊蝇反射镜）；右下为与断裂带 1 平行的地震剖面（反射镜勾勒出带有清除周期的叶状结构）

此外，这些楔形特征可以解释为下盘源冲积扇，表明 Zechstein 地层沉积时期断裂发育的古地形分布十分广泛。目前还没有一种井控方法可以排除所提出的解释。假设沿断裂带 1 的楔形是冲积扇，这意味着 Zechstein Z2 至 Z3 地层时期发育了 220 m 的古地形。楔形的特征是累积厚度约为 350 m，虽然仅可以探测上 Rotliegend Ⅱ 80 m 的古地形，但计算出沿断裂带 1 上盘的 Zechstein 断层偏移量最小为 220 m。由于上 Rotliegend Ⅱ 时期，没有发现与断裂带 2 相关的古地形，沿断裂带 5 只观察到少量的古地形，将楔状构造解释为冲积扇，表明在最早的 Zechstein 时期，沿断裂带 2（沿断裂带 5 的 110 m 地形）发育了 290 m 断层诱导的断层地貌。

楔状构造最有可能是由盐和碳酸盐的盐析作用引起的，从而形成大量的除盐角砾岩。然而，反射体的几何图形表明，至少有两个重力驱动的传质作用（mass transport events），甚至可能是除盐周期（图 4.9）。Warren[46] 对导致残余角砾岩形成的盐溶作用或盐析过程进行了详细描述。Goudie[47] 提出，除盐很可能会使圆形中空，内含丰富的塌积物和外来岩块（exotic blocks）。

4.7 讨 论

构造分析的一个关键观测结果是，地震资料解释的断裂带的总偏移量（图 4.1）比等厚线图资料解释的 Rotliegend 古地形所观测的偏移量要高得多（图 4.5、图 4.6）。这是因为现今的构造形态记录了 Rotliegend、Zechstein、Triassic、Jurassic 和白垩纪时期连续变形阶段的累积效应（如文献 [18, 20]）。在多构造后 Rotliegend 叠加过程中，对储集岩沉积产生影响的同沉积 Rotliegend 断层诱导的古隆起的重新排列、位移和断层偏移量显著增加。

同沉积断裂带的上盘方位是通过增加沉积厚度来记录的，局部的拉张构造提供了最有效的沉积圈闭，有利于沉积的堆积和保存。相反，同沉积下盘隆起减小，甚至使沉积物的可容空间受到阻挡。可容空间有限，根据局部古隆起沙丘的发育推断保存空间，表示断裂带 1 的下盘。构造作用诱导的古地形在这里相对隐蔽。在上 Rotliegend Ⅱ 干旱气候条件下，高沉积速率可能导致沉积物覆盖已有的古隆起 [图 4.10（b）]。断裂带 1 下盘沙丘沉积的局部保存也可能与亚地震规模下盘塌陷分区的形成有关。在这种非典型环境中，

46

对沙丘积累和随后保存给予支持的其他因素，可能包括通过增加含水量或形成表面壳层来固定沙丘。

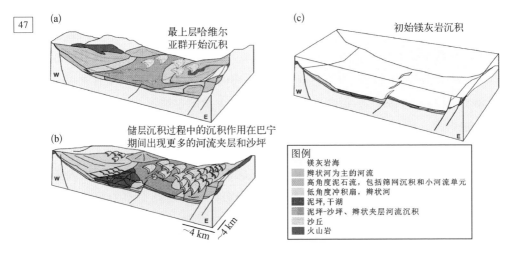

图 4.10　研究区沉积发育示意图

从上 Rotliegend Ⅱ 基部到埃布斯托夫山顶的火山活动局部爆发，冲积扇从石炭系地堑和半地堑肩脱落；在储集层层段（上 Ebstorf 至上 Bahnsen），Rotliegend 沉积中心存在一片多年生湖泊；在常年干涸的风成沙丘湖滨线上发育，断壁的悬壁上堆积着较高的沙丘，它们覆盖了部分古地形；下盘形成了较小的沙丘序列；古地形和潜在的断层活动非常微妙；Zechstein 海侵后的研究区

　　在东北风盛行的情况下，根据 Gast[22] 和 Rieke 等的研究[37] 及 FMI/FMS 测井资料分析推断，与断裂带 1 有关的古地形可能提供了一个背风的圈闭。由此，在断裂带 1 以西的上盘，发育较厚的风成砂沉积，后期形成现有的古地形。古地形隆起（如断裂带 1 的下盘）迎面风的高风速是 Rotliegend 风成砂丘发育的制约因素，造成沉积物输移或风蚀[38]。风蚀面广泛发育的现代著名例子是纳米比亚沿海的纳米布沙漠，主要由强劲的向岸风控制[48,49]。相比之下，顺风的下盘源扇（footwall-sourced fan），通过提供沉积物源，可能有助于沙丘发育。

　　在断裂带 3 中心部位（图 4.5、图 4.6）发现了至少约 150 m 的古隆起，其被认为包含相当大的走滑分量。根据等厚线图，可以推测整个上 Rotliegend Ⅱ 发育的古地形（图 4.5、图 4.6），从而推断该断层系统在整个时期都是活跃的。显然，上 Rotliegend Ⅱ 厚度的最大值是受断层控制的，且与断裂带 3 的南段和北段之间的左阶断裂释放部位有关。

　　由于断裂引起的古隆起高达 250 m，在研究区西部向东倾的断裂带 4 的上盘可以观测到最大的可容空间（图 4.5、图 4.6）。受这一古隆起的有利影响，厚度达 250 m 的上 Rotliegend Ⅱ 层序沉积在古隆起逆风处的上盘。位于断裂带 4 下盘的 7 井（图 4.1）的测井解释表明，Wustrow 组和 Bahnsen 组中发育累积厚度达 65 m 的砂坪。砂坪发育表明，断裂带 4 下盘部位的风速较大且可容空间有限。

在图 4.10 中，断裂带 3 和断裂带 4 在上 Rotliegend Ⅱ 基底至 Rotliegend 顶部单元沉积过程中，陡坡发育显著。由此形成的沉积中心，以东段断裂带 3 和西段断裂带 4 为界，解释为同沉积地堑，有利于发育高达 400 m 厚的 Rotliegend 沉积。断裂带 4 向北延伸，向东没有共轭边界，因此，相关的沉积中心被解释为半地堑。在上 Rotliegend Ⅱ 基底至 Rotliegend 顶部层段时期，沉积物在地堑/半地堑提供的可容空间内持续累积。等厚线图的解释还表明，在 Elbe 亚群沉积过程中，断裂带 3 附近的沉积中心逐渐向东移动。与断裂带 4 相关的古隆起为迎风圈闭，沿断裂带 3 的正隆起为风成沉积的背风圈闭。在研究区内，后面的沉积中心表示上 Rotliegend Ⅱ 过程中最显著的地形低，并且很有可能受到地下水位波动或是间歇性短暂洪水的影响，最终导致泥质沉积局部。

断裂带 4 的走向和断裂带 3 中心部位的走向接近南北向（N—S），不符合大部分 NNW—SSE 向断裂有限发育的三叠系应力场[18]。然而，N—S 向断裂可能与早期到晚期的华力西（Variscan）地堑断层活化相关，这些地堑最初发育于垂直于华力西（Variscan）变形前锋[18]。Gast 和 Gundlach[26] 将南北向构造活化描述为晚 Rotliegend 地堑组的一个共同过程。

欧洲板块相对于非洲板块的再活动，导致上 Rotliegend Ⅱ 过程中扭张性断层系统活化[19]。Glennie[50] 认为，热沉降和走滑断裂的共同作用是二叠纪盆地南北部晚 Rotliegend 次盆地发育的主要控制因素。George 和 Berry[27] 认为，同沉积右旋走滑断裂和周期性气候变化控制着 SPB 盆地中英国和荷兰地区的晚 Rotliegend 沉积。Moeck 等[51] 通过对德国东北部整个 Rotliegend 地层序列断层诱导的古隆起的摩擦约束和滑动趋势分析，提出含走滑分量的南北向正断层最能反映东西向扭张性同沉积上 Rotlygend 应力体制。在整个上 Rotliegend Ⅱ 过程中，这种扭张性应力体制一直存在。

在研究区中，除断裂带 2 之外的所有断裂带都可证实古隆起，其中大部分与南北向正断层有关。所有这些断裂带显现出同沉积左旋斜滑运动，表现

48

49 为单一断裂带内左阶上叠式、拉裂构造和地层倾角方向的变化。

相比之下，晚 Zechstein 高达 750 m 的厚度变化不能完全归因于同沉积构造活动，因为必须考虑同期的盐分运动。早三叠世开始的盐分运动和晚三叠纪开始的构造活动起了重要的作用，改变了 Zechstein 盐和碳酸盐沉积的原始厚度。然而，盐分运动可能是由沉积载荷引起的，其差异值受构造活动的控制。荷兰著名的 "Tubantian I" 构造事件（图 2.2）[53,54] 可能在盐分运动的形成过程中发挥了重要作用。与 Zechstein 沉积同期的构造事件在北海南部[34] 也发现过。Ziegler[20] 和 Vejbæk[55] 认为，Zechstein 蒸发岩的沉积是断层控制沉降的结果。本章的地震解释结果表明，早在 Z1 Zechstein 沉积时期就已经形成了与小型断层相关的隆起，而在晚 Zechstein 时期，沉积构造未受到影响。因此，盐分运动的叠加不能完全根据晚 Zechstein 沉积厚度的变化来重建古地形。

4.8　结　　论

这项研究得出结论：研究区中相关同沉积断层诱导的古隆起影响着上 Rotliegend II 时期的成层沉积。

（1）研究区记录了与上 Rotliegend II 沉积同期发生的 N—S 向、NNW—SSE 向断层的左旋斜滑活动的证据。风成沙丘在正断层上盘部位或走滑、斜滑断层释放部位的局部拉张和上叠构造具有堆积和保存潜力。相比之下，古下盘不是沙丘形成的环境，更不可能是沙丘堆积和保存的环境。古下盘（断裂带 1）中沙丘沉积的局部保存与隐蔽古隆起、亚地震下盘塌陷分区以及沉积物表面含水率增加有关。

（2）Altmark 四期构造事件是研究区沉积的触发因素，该构造事件包括上 Rotliegend II 的 Ebstorf 组和 Wustrow 组沉积过程中的正断层。之后，在上 Rotliegend II 时期，更多的局部构造相导致了额外的断层偏移。本研究证实了东弗里西亚地区 N—S 向断裂最新的 Rotliegend 活动。

50 （3）上 Rotliegend II 和（或）更老的断层在应力体制不断变化的情况下被反复激活，特别是在三叠纪—侏罗纪断层期间，经常引起累积断层偏移发育和沉积后原始断层范围扩大。在大多数情况下，以 NW—SE 向为主的断层（如断裂带 1 及其断裂带 5 和断裂带 3 的北部延续区）范围不断扩大，最终相互连通。现今构造格局记录了 Rotliegend 和 Zechstein，特别是三叠纪、侏罗纪和白垩纪连续多期构造叠加变形产生的累积效应。

（4）N—S 向断层（如断裂带 4）和 NNW—SSE 向断层段（如断裂带 1 和断裂带 3）显示出整个上 Rotliegend Ⅱ 时期的同沉积断层活动和相关断层诱导古地形的迹象。而在二叠纪时期，断裂带 2 则没有表现出不同的上下盘沉积厚度。由于该断裂带 NW—SE 走向和向西倾斜，本书认为这个断裂带完全是在较年轻的应力体制下发育的。由于断层诱导的古地形主要假定为 N—S 向断层和断裂带段，因此，可以预测厚的砂岩储集岩沉积优先位于这些断层的上盘。在大多数情况下，NNW—SSE 向断裂带起源于 N—S 向断裂段的后期连接，因此，可以认为该断裂在一定程度上是上 Rotliegend Ⅱ 沉积过程中发育的断层诱导的古隆起。根据该模型，向西倾斜的 NW—SE 向断裂带将遇到厚度较小的砂坪沉积。

（5）局部沉积中心的发育为上 Rotliegend Ⅱ 时期碎屑岩储集岩提供沉积可容空间，与复杂的转换斜坡（断裂带 3）和拉裂子盆地（断裂带 1）有关，这表明存在左旋扭张应力。因此，沿 N—S 向至 NW—SE 向的断裂带和断裂段的同沉积伸展运动，不是单纯的倾向滑动，而是包含了相当大的斜滑分量。

（6）在 Zechstein 时期经历了构造活化的 Rotliegend 断层，可能是盐分运动开始的先决条件。晚二叠世 Zechstein 盐和黏土的解耦作用有利于已有的构造颗粒，并导致后 Zechstein 单元与 Rotliegend 单元在构造类型上有显著差异。

（7）对断层诱导的古隆起随时间变化的分析，是揭示经历多期构造历史的沉积环境的一种有效方法。此外，它还能提供未钻探区井间的外推插值，并有助于确定油气储集岩的合适位置。

参考文献

1. Law BE, Curtis JB（2002）Introduction to unconventional petroleum systems. AAPG Bulletin 86（11）：1851 – 1852.

2. Holditch SA（2006）Tight gas sands. J Petrol Technol 58（6）：86 – 93.

3. Gaupp R, Matter A, Platt J, Ramsayer K, Walzebuck JP（1993）Diagenesis and fluid evolution in deeply buried Permian（Rotliegende）gas reservoirs. NW

Germany, AAPG Bulletin 77 (7): 1111 – 1128.

4. Gaupp R, Solms M (2005) Palaeo oil- and gasfields in the Rotliegend of the North German basin: effects upon hydrocarbon reservoir quality (Paläo-Öl- und Gasfelder im Rotliegenden des Norddeutschen Beckens: Wirkungen der KW-Migration auf die Speicherqualitäts-Entwicklung.). In: Gaupp R (ed) DGMK Research report 593: Tight gas reservoirs—natural gas for the future: DGMK Celle, p 242.

5. Lehner FK, Pilaar WF (1991) On a mechanism of clay smear emplacementin synsedimentary normal faults. In: AAPG 1991 annual convention with DPA/EMD divisions and SEPM, AAPG Bulletin, 75 (3), p 619.

6. Lindsay NG, Murphy FC, Walsh JJ, Watterson J (1993) Outcrop studies of shale smears on fault surfaces. In: Flint SS, Bryant ID (eds) The geological modelling of hydrocarbon reservoirs and outcrop analogues. Special publication of the international association of sedimentologists, vol 5, pp 113 – 123.

7. Knipe RJ (1997) Juxtaposition and seal diagrams to help analyze faultseals in hydrocarbon reservoirs. AAPG Bulletin 81: 187 – 195.

8. Stollhofen H (1998) Facies architecture variations and seismogenic structures in the carboniferous-permian saar-nahe basin (SW Germany): evidence for extension-related transfer fault activity. Sed Geol 119: 47 – 83.

9. Drong HJ, Plein E, Sannemann D, Schuepbach MA, Zimdars J (1982) Der Schneverdinger-Sandstein des Rotliegenden; eine aeolische Sedimentfüllung alter Grabenstrukturen. Zeitschrift der Deutschen Geologischen Gesellschaft 133 (3): 699 – 725.

10. Glennie KW (1986) Development of NW Europe's Southern Permian gas basin. In: Brooks J, Goff JC, van Horn B (eds) Habitat of paleozoic gas in N. W, Europe, Geological society of London, special publication, vol 23, pp 3 – 22.

11. Glennie KW (1990a) Rotliegend sediment distribution; a result of late carboniferous movements. In: Hardman RFP Brooks J (eds) Proceedings of tectonic events responsible for Britain's oil and gas reserves: geological society of London, Special publications, vol 55, pp 127 – 138.

12. Plein E (1995) Stratigraphie von Deutschland I, Courier Forschungsinstitut Senckenberg, v. 183.

13. Strömbäck AC, Howell JA (2002) Predicting distribution of remobilized aeolian facies using sub-surface data: the Weissliegend of the UK Southern North Sea. Petrol Geosci 8: 237 – 249.

14. Legler B (2005) Faziesentwicklung im Südlichen Permbecken in Abhängigkeit

von Tektonik, eustatischen Meeresspiegelschwankungen des Proto-Atlantiks und Klimavariabilität (Oberrotliegend, Nordwesteuropa): Schriftenreihe der Deutschen Gesellschaft für Geowissenschaften, vol 47, p 103.

15. van Wees JD, Stephenson RA, Ziegler PA, Bayer U, McCann T, Dadlez R, Gaupp R, Narkievicz M, Bitzler F, Scheck M (2000) On the origin of the Southern Permian basin, central Europe. Mar Pet Geol 17: 43 – 59.

16. Plein E (1993) Bemerkungen zum Ablauf der palaeogeographischen Entwicklung im Stefan und Rotliegend des Norddeutschen Beckens. Observations on Stephanian and Rotliegendes palaeogeography in the North German Basin. In: Zur Geologie und Kohlenwasserstoff-Fuehrung des Perm im Ostteil der Norddeutschen Senke. Geology and hydrocarbon potential of the Permian rocks of the eastern North German Basin: Geologisches Jahrbuch. Reihe A: Allgemeine und Regionale Geologie BR Deutschland und Nachbargebiete, Tektonik, Stratigraphie, Palaeontologie, vol 131 pp 99 – 116.

17. McCann T (1998) The Rotliegend of the NE German basin: background and prospectivity. Petrol Geosci 4: 17 – 27.

18. Börmann C, Gast R, Görisch F (2006) Structural and sedimentological analysis of an early late Rotliegendes graben based on 3D seismic and well log data, German North Sea. Petrol Geosci 12: 195 – 204.

19. Bachmann GH, Hoffmann N (1997) Development of the Rotliegend basin in northern Germany. Geologisches Jahrbuch. Reihe D: Mineralogie, Petrographie, Geochemie, Lagerstaettenkunde 103: 9 – 31.

20. Ziegler PA (1990) Geological atlas of Western and central Europe. Shell, 2nd edn. The Hague, p 239.

21. Stollhofen H, Bachmann NGH, Barnasch J, Bayer U, Beutler G, Franz M, Kästner M, Legler B, Mutterlose J, Radies D (2008) Upper Rotliegend to early cretaceous basin development. In: Littke R, Bayer U, Gajewski D, Nelskamp S (eds) Dynamics of complex intracontinental basins; the central European basin system. Springer, Berlin, pp 181 – 210.

22. Gast RE (1988) Rifting im Rotliegenden Niedersachsens. Rifting in the Rotliegendes of Lower Saxony: Die Geowissenschaften Weinheim6 (4): 115 – 122.

23. Baltrusch S, Klarner S (1993) Rotliegend-graeben in NE-brandenburg. Graben formation in the Rotliegend of NE-brandenburg. Zeitschrift der Deutschen Geologischen Gesellschaft 144 (1): 173 – 186.

24. Helmuth HJ, Schretzenmayr S (1995) Zur raum-zeitlichen Genese der Gräben.

52

In: Plein E (ed) Stratigraphie von Deutschland I; Norddeutsches Rotliegendbecken – Rotliegend-Monographie Teil Ⅱ. Courier Forschungsinstitut Senckenberg, vol 183, pp 169 – 174.

25. Paul J (1999) Evolution of a Permo-Carboniferous basin; the Ilfeld Basin and its relationship to adjoining Permo-Carboniferous structures in central Germany. Neues Jahrbuch fuer Geologie und Palaeontologie. Abhandlungen, vol 214 (1 – 2), pp 211 –236.

26. Gast R, Gundlach T (2006) Permian strike-slip and extensional tectonics in lower Saxony, Germany. Zeitschrift der Deutschen Gesellschaft für Geowissenschaften 157 (1): 41 – 55.

27. George GT, Berry JK (1997) Permian (Upper Rotliegend) synsedimentary tectonics, basin development and palaeogeography of the southern North Sea. In: Ziegler K, Turner P, Daines SR (eds) Petroleum geology of the southern North Sea; future potential. Geological society of London, Special publications, vol 123, pp 31 – 61.

28. Hoffmann N, Kamps HJ, Schneider J (1989) Neuerkenntnisse zur Biostratigraphie und Paläodynamik des Perms in der Nordostdeutschen Senke – ein Diskussionsbeitrag. Z Angew Geol 35: 198 – 207.

29. Hoffmann N (1990) Zur paläodynamischen Entwicklung des Präzechsteins in der Nordost-deutschen Senke. Niedersächsische Akademie der Wissenschaften, Geowissenschaftliche Veröffentlichung 4: 5 – 18.

30. Gebhardt U, Schneider J, Hoffmann N (1991) Modelle zur Stratigraphie und Beckenentwicklung im Rotliegenden der Norddeutschen Senke. Geol Jahrb A127: 405 – 427.

31. Gast R (1995) Sequenzstratigraphie. In: Plein E (ed) Stratigraphie von Deutschland I; Norddeutsches Rotliegendbecken – Rotliegend-Monographie Teil II. Courier Forschungsinstitut Senckenberg, vol 183, pp 47 – 54.

32. Gast R, Gaupp R (1991) The sedimentary record of the Late Permian saline lake in N. W. Germany. In: Renaut, RW, Last WM (eds) Sedimentary and Paleolimnological Records of Saline Lakes. Natl Hydrol Res Inst, Saskatoon, SK, Canada, pp 75 – 86.

33. Gast R, Gebhardt U (1995) Elbe Subgruppe. In: Plein E (ed) Stratigraphie von Deutschland I; Norddeutsches Rotliegendbecken – Rotliegend – Monographie Teil II. Courier Forschungsinstitut Senckenberg, vol 183, pp 121 – 145.

34. Legler B, Gebhardt U, Schneider JW (2005) Late Permian non – marine – marine transitional profiles in the central Southern Permian Basin. Int J Earth Sci 94:

851 - 862.

35. Stemmerik L, Ineson JR, Mitchell JG (2000) Stratigraphy of the Rotliegend group in the Danish part of the Northern Permian basin, North Sea. J Geolo Soc 157: 1127 - 1136.

36. Stemmerik L (2001) Sequence stratigraphy of a low productivity carbonate platform succession: the Upper Permian Wegener Halvø Formation, Karstryggen Area, East Greenland. Sedimentology 48: 79 - 97.

37. Rieke H, Kossow D, McCann T, Krawczyk C (2001) Tectono-sedimentary evolution of the northernmost margin of the NE German basin between uppermost Carboniferous and Late Permian (Rotliegend). Geol J 36 (1): 19 - 38.

38. George GT, Berry JK (1993) A new palaeogeographic and depositional model of the Upper Rotliegend, offshore the Netherlands. In: North CP, Prosser DJ (eds) Characterization of fluvial and Aeolian reservoirs. Geological society of London, Special publication, vol 73, pp 291 - 319.

39. Mountney NP, Jagger A (2004) Stratigraphic evolution of an erg margin aeolian system: the permian cedar mesa sandstone, SE Utah, USA. Sedimentol 51: 713 - 743.

40. Mountney NP, Russell AJ (2009) Aeolian dune field development in a water table-controlled system: Skeiđarársandur, southern Iceland. Sedimentol 56: 2107 - 2131.

41. Amthor JE, Okkerman J (1998) Influence of early diagenesis on reservoir quality of Rotliegende sandstone, Northern Netherlands. AAPG Bulletin 82: 2246 - 2265.

42. Schwarzer D, Littke R (2007) Petroleum generation and migration in the 'Tight Gas' area of the Germany Rotliegend natural gas play: a basin modelling study. Petrol Geosci 13: 37 - 62.

43. Eisbacher GH (1996) Einführung in die Tektonik. 2. neu bearbeitete und erweiterte Auflage. Stuttgart: Enke, p 374.

44. Mountney NP (2006) Eolian Facies Models, Facies models revisited. In: Posamentier H, Walker RG (ed), SEPM Mem, vol 84, pp 19 - 83.

45. Kocurek G, Havholm KG (1993) Eolian sequence stratigraphy; a conceptual framework. In: Siliciclastic sequence stratigraphy; recent developments and applications. AAPG Memoir, vol 58, pp 393 - 409.

46. Warren J (1999) Evaporites: their evolution and economics. Blackwell Science, Oxford, p 438.

47. Goudie AS (1989) Salt tectonics and geomorphology. Prog Phys Geogr 13: 597.

48. Corbett I (1993) The modern and ancient pattern of sandflow through the southern

53

Namibdeflation basin. In: Aeolian sediments, ancient and modern. Pye K, Lancaster N (ed) Special publication of the international association of sedimentologists, vol 16, pp 45 – 60.

49. Krapf C, Stollhofen H, Stanistreet IG (2003) Contrasting styles of ephemeral river systems and their interaction with dunes of the Skeleton Coast erg (Namibia). Quatern Int 104: 41 – 52.

50. Glennie KW (1997) Recent advances in understanding the southern North Sea Basin, a summary. In: Ziegler K, Turner P, Daines SR (eds) Petroleum geology of the southern North Sea; future potential. Geological Society of London, Special publications, vol 123, pp 17 – 29.

51. Moeck I, Schandelmeier H, Holl H-G (1999) The stress regime in a Rotliegend reservoir of the northeast German Basin. Geologische Rundschau = . Int J Earth Sci 98 (7): 1643 – 1654.

52. Mohr M, Kukla PA, Urai JL, Bresser G (2005) Multiphase salt tectonic evolution in NW Germany; seismic interpretation and retro-deformation. Int J Earth Sci 94 (5 – 6): 917 – 940.

53. Geluk M (1999) Late Permian (Zechstein) rifting in the Netherlands; models and implications for petroleum geology. Petrol Geosci 5: 189 – 199.

54. Geluk MC (2000) Late Permian (Zechstein) carbonate-facies maps, the Netherlands. Geologie en Mijnbouw, Netherlands Journal of Geosciences, v. 79 (1): 17 – 27.

55. Vejbæk OV (1990) The Horn Graben, and its relationship to the Oslo Graben and the Danish Basin in Rift zones in the continental crust of Europe; geophysical, geological and geochemical evidence; Oslo-Horn Graben. Neumann Tectonophysics 178 (1): 29 – 49.

第5章 美国西部帕纳明特谷:欧洲中部二叠纪致密气田沉积相分布现场模拟

5.1 概　　况

研究欧洲中部上二叠统(Rotliegend)致密气田的沉积和构造,需要一种从实地模拟研究、实验室分析、地震和井数据解释以及构造建模等方面综合考虑的方法。最近重点研究的欧洲中部地下致密气田之一,位于德国西北部、荷兰格罗宁根气田以东,位于 Ems 地堑内(Ems Graben),深度达 4 200 m(图 1.2)。该储层的致密特征归因于石英次生增大、压力溶蚀和自生纤维状伊利石结晶[1]共同作用。总体而言,储层岩石具有非均质河流-风成相特征,位于南部二叠纪盆地(SPB)的西南缘,在上 Rotliegend Ⅱ 时期发育形成。受多期构造叠加的影响,在河流-风成沉积中,对砂岩储层的预测具有挑战性。此外,仅能从 Zechstein 盐的构造隆起获得井内信息,因此,今天地堑研究区域的沉积模式并不可靠。研究区在三叠纪、侏罗纪和白垩纪经历了多期构造叠加,导致二叠纪的沉积中心、与风成沉积有关的储层,以及二叠纪构造都被重新排列。受二叠纪断裂控制的大部分古地形隆起与现今的结构隆起不一致,识别它们需要了解沉积的分布及其与沉积相的关系。此外,储层底层的成分也受到上覆斑状分布的安山岩和玄武岩等火山岩的风化影响。

通过现场模拟研究,有助于加强对 Rotliegend 致密气田中受断层控制的沉积相分布和再活动火山沉降的理解。该项研究是在美国加利福尼亚州东部伊约县的 Panamint 山谷(湖山盆地)北部进行的。它位于北美板块边界沿线的活动拉分变形区[2]。因此,N—S 向的山谷是盆地和山脉区中活跃地堑的典型代表 [图 5.1(a)][3]。区域构造背景很大程度上影响了该地区的热

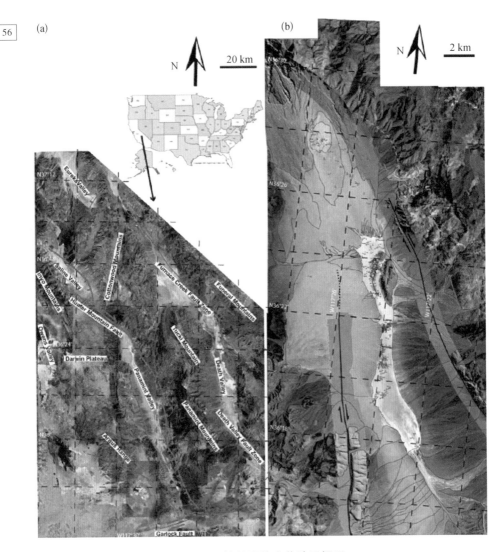

图 5.1　帕纳明特山谷地区概况

（a）标成红色的是区域构造背景，盆地和山脉省以及加利福尼亚州东部和美国西部的断层；（b）激光雷达覆盖卫星图像和野外观测点图（依据 Jennings 等对断层活动先后顺序的判断和描述[23]）；（c）激光雷达覆盖卫星图像和野外观测点图

根据现场观察、GeoEarthScope 激光雷达数据测算（加利福尼亚州南部和东部的地球镜项目，目标是SoCal_Panamint）、美国地质调查局数字地质图、Jennings 等[23]的加利福尼亚州断层活动图来了解断层及断层倾角方向；由 Jennings[22]绘制了具有火山、温泉和热井位置的加利福尼亚州断层图

[相分布见（c）；断层用红色标出]

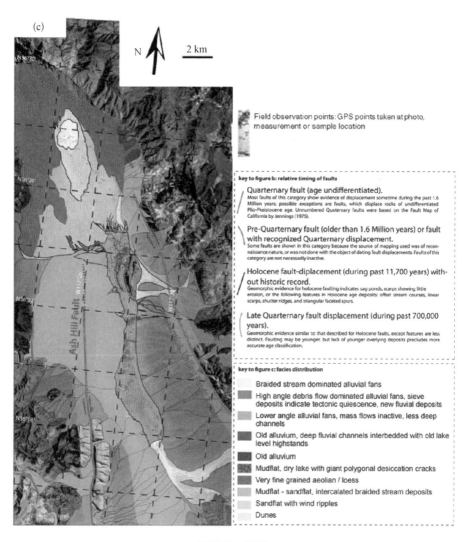

图 5.1　延续

液性质和构造特征[4]。近期的构造活动形成了大型冲积扇，并在盆地中心形成浅水湖泊。在北帕纳明特山谷，沙丘沉积位于干湖和冲积扇之间的冲积物上。研究中心进一步对沉积相序列底部裸露的火山岩进行了研究。其构造、沉积相和火山岩沉降与德国地下研究区非常相似。此外，现场模拟提供了有关流体循环潜流经的地下通道方面的信息。流体通道的预测定位和控制对致密气藏储层岩石质量分布具有重要意义，因为流体流动性较强有助于固井，且导致气藏分隔[5]。

5.2 背　景

5.2.1 帕纳明特谷的地质构造

帕纳明特谷和盐谷北部位于盆地和山脉区的中心，并在拉分系统中发育成两个独立的盆地[6]。盆地构造为菱形地堑或半地堑，边缘为走滑断层[7,8]。作为主要现场研究目标的 Panamint 山谷被 3 个仍然活跃的断层系统所包围（图 5.1）。

这 3 个断层系分别是，西部 N—S 向右侧走滑主导的灰山断层[9]，东部低角度 NNW—SSE 向正倾滑帕纳明特断裂带[6]，以及北部 WNW—ESE 向走滑控制的猎人山断裂带（图 5.1）[3]。为了应对长期的断层活动，北部的帕纳明特山谷东部沿帕纳明特断裂带紧邻 1 800 m 高的山脉，西部沿灰山断层和高达 800 m 的丘陵接壤。海拔高度介于 400 m 的短暂干湖与 1 350 m 的山峰之间。

帕纳明特山谷中部是一个相对较浅的凹陷，最大沉积厚度约为 500 m[10]。相比之下，麻省理工学院（MIT）1985 年野外地球物理研究课程和 Biehler[11]确定的横跨帕纳明特山谷北部的重力剖面表明，沉积充填物厚度不超过 200~300 m。

帕纳明特山谷的沉积相包括冲积扇、泥质为主的干湖沉积和风成沙丘、沙丘间隙沉积及砂坪沉积（图 5.1）。位于山谷中心的干湖被山脉北、东、西侧下降处的冲积扇包围着。向北，干湖沉积物紧挨着砂坪沉积和风成沉积过渡带，在海拔 700~830 m 处部分覆盖了北部冲积扇。目前，沙丘的位置是基于沙丘从靠近干湖的位置平均每年以 0.8 m 的速度向北和向上移动[12]。此外，东部和西部的冲积扇与斑状分布的玄武岩火山岩相互交织。

5.2.2 德国亚表层面积

德国亚表层研究区位于 SPB 西南缘 Ems 地堑的西部边缘，以不对称的上 Rotliegend Ⅱ 地堑/半地堑上方发育 N—S 向 Zechstein 盐墙为特征。Rotliegend 时期，SPB 是一个长 1 700 km、宽 300~600 km 的内陆盆地，从英国东部一直延伸到波兰和捷克（图 1.2）[13,14]。SPB 中部的 Ems 地堑经历了上 Rotliegend Ⅱ 期同沉积构造活动，而之后的多期构造活动如早三叠世、晚侏罗世至早白垩世[15]期间于北海处发生的裂谷作用，叠加了在 Rotliegend 构

造高点。研究区中重构地堑结构的特征是边界为 N—S 向的断裂带，西部（图
5.2，FZ－4）偏移量高达 250 m，东部偏移量高达 150 m（图 5.2，FZ－1）。
由于东部断层向北不断发育，导致不对称的地堑变成半地堑（图 5.2，
FZ－4）。西部断层区由两个 N—S 向断层（FZ－4A 和 FZ－4B）和一个正交
E—W 向断层（FZ－4C，图 5.2）组成，是地堑的边缘。在上 Rotliegend Ⅱ 60
沉积期间由断层活动引起的古地势起伏估计至少有 250 m 高。沉积物厚度达
450 m 的沉积中心位于上盘。东部正断层（图 5.2，FZ－1）由两条 NNW—
SSE 向断层构成，西倾斜断层累积垂直偏移量高达 900 m（图 5.2，FZ－1A
和 1B）。这两个主要断层（图 5.2，FZ－1A 和 1B）之间形成了一个次级盆
地，推测是由于两个断层的左阶叠式发育，导致拉分盆地的形成（图 5.2，
FZ－1C）。通过地震数据测算，Zechstein 沉积物的重叠几何结构证实了拉分
盆地中的同构造沉积。在后 Rotliegend 多期构造叠加期间（如在三叠纪期
间），断层带继续扩展，而之前分离的断层开始相连。

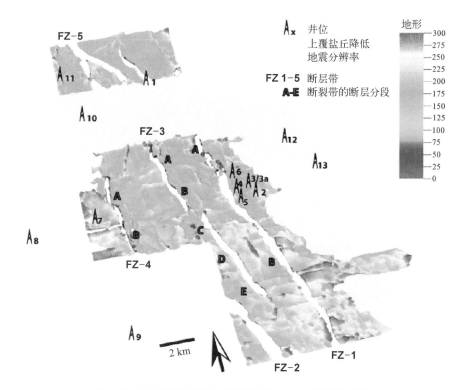

图 5.2　通过现场勘探和探井描述，结合沉积等厚图，
计算并绘制出的后期上 Rotliegend Ⅱ 古地形图

第三个断层带主要包括位于研究区中心的 5 个不同倾向的断层（图 5.2，FZ－3）。在南部，3 个正断层向西倾（图 5.2，FZ－3C 至 E），北部两个断层向东倾（图 5.2，FZ－3A 和 3B）。上 Rotliegend Ⅱ 断层控制的古地形高度为 100~150 m，仅估算了向西倾斜的中央断裂带。由于断层的倾角方向由北向南发生变化，因此左旋走滑运动被考虑在内（第 4 章）。

重构后的地堑最深部分极有可能表示一个区域，在这个区域中，短暂干湖出现在上 Rotliegend Ⅱ 上部。地震数据中出现的多阶多边形模式证实了这一观点。

研究区上 Rotliegend Ⅱ 沉积物的岩心分析揭示了河流－风成沉积成因，包括 Wustrow 组和 Bahnsen 组的辫状河，风成沙丘和潮湿－干燥沙丘间隙沉积（汉诺威组 260—258 Ma ＝ 早期 Wuchiapingium，易北亚组 262—258 Ma ＝ 晚期 Capitanium－早 Wuchiapingium）。大部分风成沉积物都是由盛行东风搬运的[17,18]。相比之下，河流沉积物主要源于华力西腹地偏南[13,19]。风成沙丘的保存受构造沉降[20]控制。在岩心数据中观察到，沉积单元部分覆盖在斑状安山岩和玄武岩等火山岩之上。局部的石炭纪高原和火山岩为风沙沉积提供了必要的物质来源[14,21]。

5.3 资料和方法

采用卫星图像（Google Earth™；图 5.1），GeoEarthScope 提供的光检测和测距（LIDAR）（项目：加利福尼亚州南部和东部的地球望远镜，目标：SoCal_ Panamint）和 USGS 数字地质图（图 5.1）[22,23]提供数据信息，对帕纳明特山谷大型构造进行了初步研究。野外研究确定了包含不同角度的冲积扇和辫状河系统，风成沉积物如沙丘间隔处沉积和砂坪沉积以及短暂干湖沉积，并绘制了它们的分布图。根据 Jennings[22] 和 Jennings 等[23]的理论，现场测量了断层走向，并与高分辨率 LIDAR 数据和卫星图像的测量结果进行了比较。利用 X 射线衍射仪（XRD）和颗粒复合薄层，分析了实地考察中采集的沙丘砂土和干湖表面黏土沉积物样品成分。分析的结果用于确定风成沉积物的起源和组分成熟度。

从德国西北部地下研究区获取的数据，包括对 Rotliegend 关键层位的地震解释、断层分析和上 Rotliegend Ⅱ 古地形的解释，确定其占地面积为

293 km^2（第 4 章）。进一步采用了 14 口井的数据，包括 7 口井的数字线缆测井和 4 口井的岩心数据，以确定沉积相分布。地层倾角测井和地层微成像/地层微扫描（FMI/FMS）测井用于分析风成沉积序列的倾角和倾向。最后，对回收的岩心材料进行薄层和厚层的矿物含量、胶结矿物和流体包裹体均质温度分析，确定了分析成岩固结的条件[24]。

5.4　结　　果

选择帕纳明特山谷作为现场模拟研究区，是因为其不均匀的河流-风成沉积相分布，沉积序列底部存在裸露的火山岩，以及同沉积构造、张扭性构造，与德国西北部的 Upper Rotliegend Ⅱ 致密气田的相似度很高。在帕纳明特山谷的模拟实地研究基础上，建立了地下研究区 Upper Rotliegend Ⅱ 的比较地质模型。接下来的研究中，在宏观和微观尺度上详细分析了这两个研究区的沉积相，以及它们与断层控制形态学之间的关系。

5.4.1　帕纳明特谷

根据对沉积和构造系统的现场观测，并结合卫星图像和地质图提供的可用信息，重构断层活动的相对活动时间和沉积相分布以及帕纳明特山谷的断层—沉积物相互作用关系 ［图 5.1（c）］。

帕纳明特山谷的断层大部分被冲积扇或风成沙丘的沉积物插入和（或）覆盖。断层东部进一步发育的冲积扇活跃河道，暗示了近期的同沉积断层活动（图 5.3）。沿着断层崖胶结面存在的断层条纹和擦痕（图 5.3）和硫黄气味表明沿着开放断层最近发生了液体循环。沿断层陡坡可以观察到直径达 0.5 cm 的方解石晶体，它们也沿着断层附近的某些地层如石灰岩和泥岩或白云岩进行发育。

在北部、东部和西部广泛分布的冲积扇从紧邻断层盆地外缘的下盘处开始下降。冲积扇覆盖了主要断层，如西部的灰山断层和东部的帕纳明特山谷断层带，反过来，这些断裂带又与冲积扇沉积的活跃河道网络相互作用（图 5.3）。在盆地中部，冲积扇部分覆盖在干涸的湖床上。缺少沙漠漆皮表明沉积物沿着冲积扇运移。

62

图 5.3　帕纳明特山谷的变形特征

东部帕纳明特山谷断层带的正断层，1a 沿着发生偏移带胶结的断层边缘，1b 断层陡坡用红色标识，1c 沿正断层发生的胶结存在着断层纹理，断层运动已经发生磨损；帕纳明特山谷东北部的断裂带示意图，2a 平面图，2b 断层用红色表示，Ⅰ沿正断层发育的冲积扇下切河道，Ⅱ—Ⅳ断层带的断层内斜坡

　　根据倾向差异，冲积扇系统分为东北盆地和西北盆地两种类型。辫状流主导的冲积扇主要位于帕纳明特山谷的西北处，如北灰山断层带沿线，斜坡坡度约为 4°，它们的特点是下切河道深而宽。辫状河沉积包括无定形态的粗粒沉积和交错层理的细粒，中粒通道内沉积。在帕纳明特山谷北部，山谷断层带上盘沉积表明，以泥石流为主的冲积扇斜坡坡度高达 10°（图 5.4）。在冲积扇表面交汇处，沿冲积扇上端的窄河道向下变为以沉积砂为主的浅河道网络（图 5.4）。比较帕纳明特山谷东部断层和帕纳明特山谷以西的灰山断层得出结果：（1）辫状河主导的冲积扇形成于低洼地形，这与第三纪、第四纪火山岩，以及古生界页岩和碳酸盐岩侵蚀度高有关；（2）以碎屑流为主的冲积扇形成于较高地形，同古生代碳酸盐、第三纪花岗岩和第三纪到第四纪的火山岩地势起伏较大、侵蚀度小有关（图 5.1）。

64
　　帕纳明特沙丘广泛发育的新月形沙丘和叶状沙丘（图 5.4），位于以 3 个主要断层带（图 5.1，帕纳明特山谷断裂带、Ash Hill 断裂带和山断裂带）

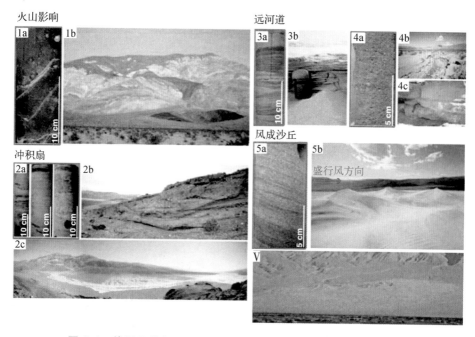

图 5.4 　德国西北部（用阿拉伯数字表示）致密气田中的岩心与
帕纳明特山谷的现场观测相比较（用拉丁文数字表示）

　　1 玄武岩到安山岩熔岩流，Ⅰ帕纳明特山谷的玄武岩到安山岩的熔岩流，分布在浅层帕纳明特山谷断裂带分支的下盘和上盘（嵌入冲积扇内）。2 由砾石和交错层理的河道沉积物构成的辫状河冲积扇沉积。中间部分的岩心描述代表了第一个沙丘序列。Ⅱ扇头河道经过河道分配网和填砂浅层河道分配网，从冲积扇出发，最终进入右侧干涸的湖泊。3 以嵌入黏土沉积为主的湿砂坪沉积物。Ⅲ潮湿砂坪沉积物代表沙丘间隙处的沉积环境。4 河流砂质河道与黏土碎屑。Ⅳ河道砂。5 横断层间倾斜角度变化的新月形沙丘沉积。Ⅴ新月形沙丘、叶状沙丘和帕纳明特沙丘位于古冲积河道的下切河道上。

为中心的干湖以北的古冲积沉积物上。在砂坪发育区域，包括在沙丘北部和南部发育风成波痕的干燥砂坪，区域范围为 2.1 km×4.5 km。主导风向来自南方，偶尔来自东北方向，这符合测量沙丘和波纹脊的主导方向。沙丘的最大高度约 30 m。毗邻帕纳明特山谷边界北部的猎人山断裂带，由断层形成的隆起成为风成沙丘和砂坪沉积的捕获区。由于叠瓦式断层和同沉积断层活动的存在，沿断裂带发生的连续沉降，使得沙子更容易在顶风的下坡位置聚集。砂坪主要发育在沙丘沉积区顶风处（近端）和顺风边缘（远端）（图5.1）。砂坪的形成主要是由于持续强风和/或沙子供应有限[25-27]。干燥砂坪坡度从 0°逐渐增加到 5°，沙丘基底从 5°增加到 15°，坡度大于 15°的沙丘也存在。风蚀残积伴随着砂坪沉积，或直接覆盖在砂坪沉积上。

沙丘间沉积类型为泥质-细粒砂质-湿泥滩、泥滩、湖缘和池塘（图5.4、图5.5）。沙丘边缘沉积（图5.4、图5.5）是由细粒砂和交错黏土构成的。在许多情况下，可以观察到风成沙丘背风面发生前积，在发育过程中进入池塘或湖泊沉积环境。沿湖泊边缘或池塘沉积的波状层理很常见。

图5.5　德国西北部地下区风成沉积岩心图

1—潮湿砂坪沉积物；2—风成沙丘基底沉积物；3—池塘沉积物；4—湖泊或池塘边缘沉积
Ⅰ—Ⅳ近距离横向变化，沙丘演替（干砂坪—风成沙丘）、池塘和湿砂坪；岩心内沉积相的阿拉伯数字与现代类似物中沉积相的罗马数字相对应

潮湿和湿润的砂坪沉积（图5.4、图5.5）一般是由粉砂岩或者极细粒-细粒分选较差的砂岩组成的。推测它们在3 m深浅层地下水影响下发生沉积，并同短暂的洪水期[28,29]结合在一起。风成沉积物进一步受到地下盐水的影响，并在风力作用下，在潮湿的沉积物表面附着。小波纹或水平层理普遍存在。通过对采集的沙丘砂样品进行XRD测量，确定出石英、长石和方解石为主要成分。次要矿物是伊利石/白云母、绿泥石、高岭石和角闪石（图5.6）。薄片分析进一步揭示了岩石碎屑的百分比含量很高。根据Pettijohn[30]的分类，该样品为岩屑碎屑岩。成分分析表明，沙丘的主要局部沉积物来源是第四纪冲积扇、第三纪火山岩、中生代至第三纪花岗岩、古生代白云岩到石灰岩。湖泊表面样品的XRD[16]测量结果表明，其主要成分为白云石、石英、伊利石/白云母、方解石和长石；次要矿物是绿泥石、高岭石、赤铁矿、霞斜岩和角闪石。通过黏土压裂使得乙二醇脱水可以识别出膨胀黏土。

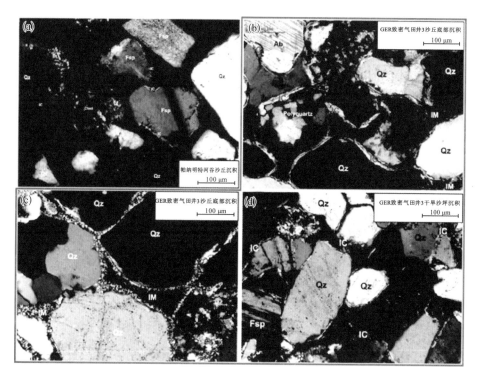

图 5.6　（a）帕纳明特山谷沙丘样品镜下薄片鉴定图；（b）～（d）德国
西北部致密气田的井 3 以及井 3a 中岩心样品的镜下鉴定图

斑状玄武岩和安山岩覆盖了帕纳明特山谷周围山脉的大部分地区（图
5.1、图 5.4）。相对较薄的地层由沿古地形流动的熔岩流[31]形成，在断层上
盘主要通道系统沿线也有发现。冲积扇中也发现了熔岩流沉积，后期被辫状
河道网络的分布所冲刷（图 5.4）。在冲积扇中发现的大量火山碎屑物表明，
火山作用是当地主要的沉积物来源之一。此外，来自冲积扇顶部沙丘序列的
石英颗粒和火山附近的石英颗粒都被绿泥石包裹，因为绿泥石是火山成分经
风化后形成的，故印证了火山活动的存在。

5.4.2　德国地下研究区

地震分析表明，上下盘的沉积物厚度差异揭示了在 Rotliegend Ⅱ 沉积过
程中地堑的同沉积活动（第 4 章）。断层-沉积-相互作用的复杂性进一步向
断层带的发育方向增加，如由张扭应力产生的阶跃断层。

通过对井 2、井 3 和井 3a 的岩心数据下部沉积物含量的解释，可以看出，粗粒沙砾条状矿床不具有内部几何特征，细粒至中粒河道内沉积具有 ε 型交错层理特征，其成因为辫状河主导的冲积扇。在扇顶部，沉积物没有内部几何形状，由角砾岩组成，颗粒圆角直径可达 5 cm。该相被解释为源于超集中重力质量流的闪洪沉积。常见夹层砂岩，具有双峰细粒和中等粒级，交错层理的砂岩，要么是风成沙丘沉积的遗迹，要么是河流改造的风成沉积体系 [图 5.4.2（a）]。

在冲积层顶部，沉积相向风成演替方向变化，由干（干滩、风成沙丘基底、风成沙丘）向湿（沙丘间泥滩、沙丘间塘或湖、河流和塘或湖缘）沉积（图 5.5）。伽马射线（GR）测井中的"页岩线"表明（fluvio-）风控层段在 FZ-1 井底厚度可达 150 m，在 FZ-4 井底厚度可达 50 m（图 5.7）。测深仪测井结果表明，FZ-4 的下盘主要由低倾角砂坪沉积和产生不规则测井特征的湿沉积构成。FMI/FMS 和地层倾角仪测井分析表明，在 FZ-1 下盘以砂岩为主的井序中，沙丘为主的区域倾角较高，向西倾斜，部分为不规则的湿砂坪沉积叠加（图 5.7）。测量 NE 向 NNE 的倾角方向与风向方向一致[17,18]。

岩心资料解释显示，单个沙丘组（沙丘基底+沙丘）最大厚度为 3 m，为新月形沙丘或小横向沙丘，或具有合并沙丘脊的新月形沙丘（akle 沙丘，图 5.4.V）。由于风成沉积后的同沉积作用，初始沙丘集层厚度难以确定。然而，最大初始沙丘高度估计为 ±20 m，假设（1）沉积过程中，原始沙丘高度的 60% 左右被侵蚀；（2）细粒至中粒砂岩的相关深度压实系数为 0.27 km^{-1}[33]。此外，可以观察到倾角逐渐从小于 5°（干沙滩）到 5°~15°（沙丘基地），再到大于 15°（沙丘）。沙丘顶部呈侵蚀截断特征（图 5.4.V），并被下一个沙丘覆盖，这个沙丘是一个风蚀残积，或是一个湿矿床。

核心数据的沙丘间沉积表现为潮湿的湿沙滩、滩涂、湖边和池塘沉积物（图 5.4、图 5.5）。具有沉积后构造的风成泥滩是最重要的沙丘间沉积，如褶皱层压和球枕结构。沉积主要发生在有黏结砂吹入[34]的亚水相环境。池塘或湖间沉积物由 100% 的黏土构成，不显示任何内部结构，由于没有碳氢化合物运移的还原作用，因而呈红色[35]。由沙丘向间沙丘塘/湖沉积过渡的沉积物（图 5.4、图 5.5）由具有夹层黏土的细粒砂构成。它们被解释为源于风成沙丘背风面推进进入池塘或湖泊。边缘池塘/湖泊沉积物的波纹层叠非常常见。潮湿的沙滩沉积物（图 5.4、图 5.5）是粉砂岩或细颗粒分布不均的砂岩，它们具有不规则的波浪垫层，受浅层地下水和短暂洪水影响而发生沉积[34]。通过

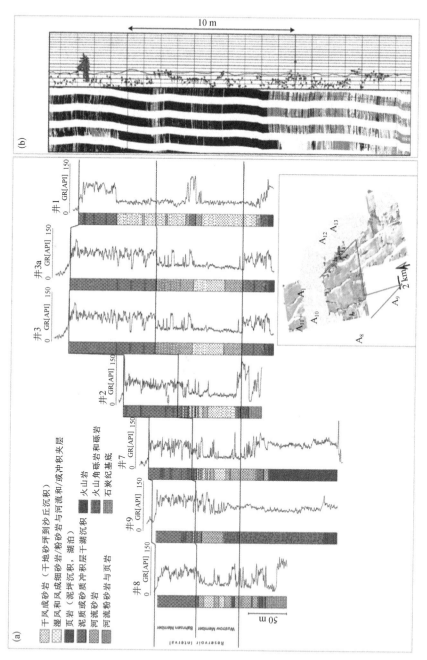

图 5.7　德国西北部东弗里西亚地下研究区 GR 测井及简化岩性、相解释

（a）基底储层（乌斯特组基底）地势平坦。注意同隔相对紧密的横向区域厚度变化。（b）采用 FMI/FMS 和井 3a 的地层倾角仪测井得到的测井间隔。

沉积物表层以下盐的析出和溶解，以及风在搬运过程中颗粒的黏附作用，对潮湿的沉积物进行进一步改造，表现为小型水流波纹或水平分层。

通过风成沙丘及沙丘间沉积的薄层分析，证实了石英、长石、岩屑及黏土矿物的主要成分为绿泥石和伊利石。Pettijohn[30]后的砂岩分类揭示了该砂岩为岩屑砂岩。

在沉积演替的基础上，在西部（FZ-4）和东部（FZ-1）断裂带下盘钻出了厚度达 120 m 的片状玄武岩火山岩熔岩流（如井 7）。如图 5.4 所示，为一个多孔状熔岩流沉积例子。它们的顶部被角砾化，这是由于顶部沉积物的重力质量输移等原因造成的。因此，在火山岩覆盖的沉积物中发现了大量火山碎屑物质。此外，对火山岩上方风成沙丘沉积的薄切片分析显示，早期成岩绿泥石包裹的石英颗粒来源于火山物质的化学风化作用（图 5.6）。

由于德国西北部上 Rotliegend Ⅱ深度目标层的地震分辨率仅能作出基本解释，而井只能提供点状信息，有关侧向连续性、沉积相分布或火山岩的结论只能粗略地相互推断。在岩心解释和等厚线图绘制过程中，沉积物相对位置与古地形的关系出现了不确定性。将岩心资料和测井解释的观测结果与地震解释和三维地表跟踪的结果结合在一起，总结出断层活动相对时间和沉积相分布的模型（图 5.8）。

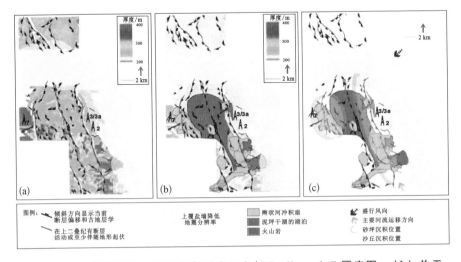

图 5.8 （a）德国西北地下致密气研究区上部 Rotliegend Ⅱ厚度图；（b）关于地震和同位素地图上的测井和核心解释和潜在相分布的帕纳明特河谷的分布和信息应用于德国研究区域，绘制在上部 Rotliegend Ⅱ等值线图上；（c）风和河流运输方向显示风沙沙丘和砂坪的潜在容纳空间

5.5　讨　论

通过现场观察和地下研究，提出帕纳明特河谷具有复杂的同沉积、张性断裂带活动以及相关的沉积相分布，为德国地下研究区提供了现场模拟。接下来，利用帕纳明特山谷断层控制地形模型作为沉积相分布的控制因素，同时考虑风向和沉积物源岩，将其应用于地下研究场地（图 5.8）。由于短暂干湖同帕纳明特山谷山峰之间的海拔在西部为 350 m，东部为 1 350 m，限制了模拟研究的应用，因此将重点放在西侧地形上，并与地下研究区及其重建的古地形进行对比。

在帕纳明特山谷，西北地区的冲积扇以辫状河为主（图 5.1）。由于现代模拟物地形梯度与地下研究区重建古地形的相似性，笔者推测德国研究区发育的冲积扇也以辫状河为主。冲积扇发源的古高地主要由石炭系碳酸盐岩和 Rotliegend 火山岩组成。这一观测结果同帕纳明特河谷的观测结果一致。

在两个研究点，沙丘都位于以辫状河主导的冲积扇上，位于斜坡中间位置（图 5.1、图 5.4）。在帕纳明特山谷，主要风向是南风；Hunter 山脉在沙丘上空高达 370 m，形成了一个风成输运物质的迎风圈闭。与场模拟相比较，德国西北部地下研究区 FZ - 1 下盘沙丘发育为 barchanoid-akle 沙丘，形成于下风圈闭单模态 E/ENE 风向（图 5.4、图 5.5）。类似的下风侧向圈闭也存在，如位于帕纳明特河谷北部的 Eureka 山谷。Eureka 山谷沙丘存在不规则的山脊，高达 208 m[36]。

德国研究区 FZ - 4 下盘的测井曲线（图 5.7）揭示了沉积在河流砂岩顶部的砂坪和砾岩，其下方存在着单相碎屑火山角砾岩和火山岩。根据帕纳明特山谷的相分布图和 E/ENE 风向，笔者推测断裂带是一个迎风圈闭，在上盘位置存在较多的砾岩和砂体堆积。然而，帕纳明特山谷沙丘与地下区域沙丘高度极其相似（20~30 m），并从薄片中分析了沙丘间沉积量及沙丘沉积成分。此外，两个研究区的沙丘基底移动到沙丘间沉积物中，导致沙、淤泥和黏土交错沉积物中后沉积变形结构的形成（图 5.4、图 5.5）。

帕纳明特山谷中短暂干湖（图 5.1）位于盆地最深处，呈巨大的干裂多边形特征。不对称的地堑—半地堑 Rotliegend 盆地最深处位于德国地下研究区 FZ - 4 的悬壁上。可以解释为，它代表了一个干旱到短暂湖泊的圈闭，或

70

至少暴露对地下水位的影响。盆地区域的多阶多边形图案支持了这一观点，它在形状和大小上与帕纳明特山谷干涸湖面上巨大的干裂多边形图案非常相似（Antrett et al.，in press）。

在两个研究地点，从安山岩到玄武岩的火山岩熔岩流沉积都发生在下盘位置（图 5.4）。在帕纳明特山谷，这些火山岩也被埋在了冲积扇中，与悬壁上的冲积扇相互交错。因此，悬壁火山岩受到冲积扇辫状河道系统的机械风化作用，成为活跃的沉积源（图 5.4）。由于火山岩具有类似的泡状、熔岩流状的典型结构，笔者认为地下研究区未勘探区域和悬壁区域也存在火山岩。下盘蚀变火山岩物质输入盆地深层，为活性 Al^{3+} 和 Si^{4+} 提供了来源，支持铝硅酸盐矿物[37]早期丰富的成岩发育。因此膨胀黏土（如蒙皂石）很可能源自火山岩的风化[38]。帕纳明特沙丘和上 Rotliegend Ⅱ 沙丘沉积物晶粒样品的薄片分析显示，石英和长石晶粒被碎屑或同沉积早期成岩绿泥石和伊利石不连续包裹（图 5.6），这也是由火山物质的风化作用供给的，并通过冲积扇通道系统输送。在这两个研究区都观察到石英颗粒和黏土涂层周围存在不连续的机械磨损。由于这与帕纳明特山谷中活跃的沙丘迁移有关，估计活跃的沙丘泥沙搬运也会导致德国地下研究区的涂层发生磨损（图 5.6）。

5.6 结 论

（1）帕纳明特山谷的非均质沉积相分布包括两种不同类型的冲积扇，即沙丘和砂坪。这些相的分布受地形、同沉积断层、局部沉积物来源和盛行风向的控制。石英颗粒涂层的磨损、沙丘类型和大小、荒漠漆皮的存在与否、冲积扇河道的切割深度等都可以作为估算泥沙动力学的指标。

（2）德国地下致密气藏的沉积相岩心数据分析（3.2 节）揭示了辫状河主导的冲积扇沉积、堆积沙丘、砂坪和沙丘间沉积。主要断裂带岩心间的沉积厚度和沉积相存在显著差异。

（3）两处研究区存在的片状玄武岩-安山型火山熔岩流沉积，对沉积物成分影响较大，并为沉积体系提供了黏土。

（4）摘要建立了模拟研究区地形、同沉积断层、沉积源、沉积风向等控制沉积相分布的关键因素模型，并与多期构造叠加前重建的上 Rotliegend Ⅱ 地下区域进行了对比。结果表明，帕纳明特山谷是德国地下致密气藏的现代模拟很好的代表。特别是风沙砂岩的定位（图 5.9）具有很高的相似度，由断层地形控制的沙丘和砂坪沉积构成，作为风沙迎风和背风侧向圈闭。此外，对石英颗粒涂层的磨损、沙丘类型和大小、荒漠漆皮的存在与否以及冲积扇通道的切割深度等进行现场模拟观测，以重建上 Rotliegend Ⅱ 期致密气藏的沉积动力学研究。

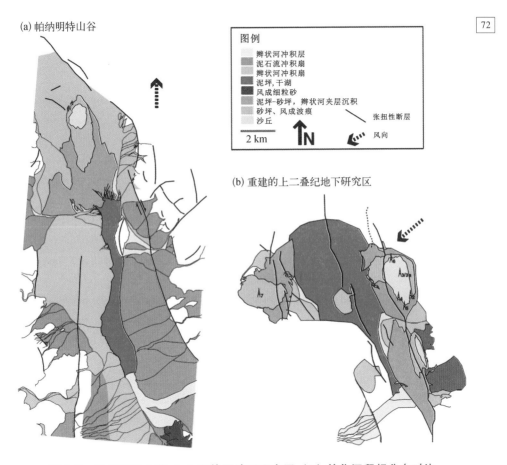

图 5.9　帕纳明特山谷（a）和德国地下研究区（b）简化沉积相分布对比

（5）一般情况下，这项研究表明，一项非常适合的野外模拟研究能够① 对大区域内有限的岩心数据的沉积相分布进行详细的解释、插值和推断预测；② 利用断层解释、逆变形和古地形重建将沉积相分布的关键机制转化为地下数据；③ 通过对现代场模拟物的详细观察，重建构造覆盖的地下区域的沉积物动力学。

参考文献

1. Gaupp R, Solms M（2005）Palaeo oil- and gasfields in the Rotliegend of the North German basin：effects upon hydrocarbon reservoir quality（Paläo-Öl- und Gasfelder im Rotliegenden des Norddeutschen Beckens：Wirkungen der KW-Migration auf die Speicherqualitäts-Entwicklung.）. In：Gaupp R（ed）DGMK research Report 593：Tight Gas Reservoirs—Natural Gas for the Future：DGMK Celle, p 242.

2. Reheis MC, Sawyer TL（1997）Late Cenozoic history and slip rates of the fish lake valley, emigrant peak, and deep springs fault zones, Nevada and California. Geol Soc Am Bull 109：280–299.

3. Smith SU（1976）Late-quarternary pluvial and tectonic history of panamint valley, Inyo and San Bernardino Countries. Ph. D. thesis, California Institute of Technology, p 295.

4. Jayko AS, Forester RM, Kaufman DS, Phillips FM, Yount JC, McGeehin J, Mahan SA（2008）Late Pleistocene lakes and wetlands, Panamint Valley, Inyo County, California. Geol Soc Am Spec Pap 439：151–184.

5. de Medeiros WE, do Nascimento AD, Antunes AF, de Sá EFJ, Neto FFL（2007）Spatial pressure compartmentalization in faulted reservoirs as a consequence of fault connectivity：a fluid flow modelling perspective, Xaréu oil field, NE Brazil. Petrol Geosci 13：341–352.

6. Burchfield BC, Hodges KV, Royden LH（1987）Geology of Panamint Valley—Saline Valley pull-apart system, California：Palinspastic evidence for low-angle geometry of a Neogene range bounding fault. J Geophys Res 92（B10）：10422–10426.

7. Aydin A, Nur A（1985）The types and role of stepovers in strike-slip tectonics（in Strike-slip deformation, basin formation, and sedimentation）：Special publication—society of economic palaeontologists and mineralogists, vol 37. pp 35–44.

8. Price N, Cosgrove J（1990）Analysis of geological structures. Cambridge University Press, Cambridge, p 520.

9. Densmore AL, Anderson RS（1997）Tectonic geomorphology of the Ash Hill fault, Panamint valley, California. Basin Res 9：53–63.

10. Blakely RJ, Jachens RC, Calzia JP, Langenheim VE（1999）Cenozoic basins of the Death Valley extended terrane as reflected in regional-scale gravity anomalies. In：Wright LA, Troxel BW（eds）Cenozoic basins of the Death Valley region：Special Paper—Geological Society of America, vol 333. pp 1–16.

73

11. Biehler S, MIT Geophysics Field Course (1987) A geophysical investigation of the Northern Panamint valley, Inyo County, California: evidence for possible low-angle normal faulting at shallow depth in the crust. J Geophys Res 92 (B10): 10427 – 10441.

12. Prestud Anderson S, Anderson RS (1990) Debris-flow benches: dune-contact deposits record palaeo-sand dune positions in north Panamint valley, Inyo County, California. Geology 18: 524 – 527.

13. Plein E (1993) Bemerkungen zum Ablauf der palaeogeographischen Entwicklung im Stefan und Rotliegend des Norddeutschen Beckens. Observations on Stephanian and Rotliegendes palaeogeography in the North German Basin. In: Zur Geologie und Kohlenwasserstoff-Fuehrung des Perm im Ostteil der Norddeutschen Senke. Geology and hydrocarbon potential of the Permian rocks of the eastern North German Basin: Geologisches Jahrbuch. Reihe A: Allgemeine und Regionale Geologie BR Deutschland und Nachbargebiete, Tektonik, Stratigraphie, Palaeontologie, vol 131. pp 99 – 116.

14. McCann T (1998) The rotliegend of the NE German basin: background and prospectivity. Petrol Geosci 4: 17 – 27.

15. Ziegler PA (1990) Geological atlas of Western and Central Europe, 2nd edn. Shell, The Hague, p 239.

16. Antrett P, Vackiner AA, Kukla P, Klitzsch N, Stollhofen H (2012) Impact of arid surface megacracks on hydrocarbon reservoir properties. AAPG Bulletin 96 (7): 1279 – 1299.

17. Gast RE (1988) Rifting im Rotliegenden Niedersachsens, Rifting in the Rotliegendes of Lower Saxony: Die Geowissenschaften Weinheim 6 (4): 115 – 122.

18. Rieke H, Kossow D, McCann T, Krawczyk C (2001) Tectono-sedimentary evolution of the northernmost margin of the NE German basin between uppermost Carboniferous and Late Permian (Rotliegend). Geol J 36 (1): 19 – 38.

19. Glennie KW (1990) Introduction to the petroleum geology of the North Sea. vol 3. Wiley, New York, p 416.

20. Kocurek G (2003) Limits on extreme eolian systems: Sahara of Mauritania and Jurassic Navajo Sandstone examples. In: Chan MA, Archer AW (eds) Extreme depositional: mega end members in geologic time: Geological Society of America special paper, vol 370. pp 43 – 52.

21. Glennie KW (1990a) Rotliegend sediment distribution: a result of late Carboniferous movements. In: Hardman RFP, Brooks J (eds) Proceedings of

tectonic events responsible for Britain's oil and gas reserves, vol 55. Geological Society of London, Special Publications, pp 127 – 138.

22. Jennings CW (1975) Fault map of California with location of volcanoes, thermal springs, and thermal wells: California division of mines and geology geologic data map No. 1, scale 1:750,000, 1 sheet.

23. Jennings CW, Bryant WA, Saucedo G (2010) Fault activity map of California. California geological survey 150th anniversary: California geologic data Map series map No 6, scale 1:750,000, 1 sheet.

24. Havenith VMJ, Meyer FM, Sindern S (2010) Diagenetic evolution of a tight gas field in NW Germany. DGMK/ÖGEW-Frühjahrstagung 2010, Fachbereich Aufsuchung und Gewinnung, Celle.

25. Fryberger SG, Ahlbrand TS, Andrews S (1979) Origin, sedimentary features and significance of low-angle eolian 'sand sheet' deposits. Great sand dunes national monument and vicinity, Colorado. J Sediment Petrol 49:733 – 746.

26. Fryberger SG, Al-Sari AM, Clisham TJ (1983) Eolian dune, interdune, sand sheet, and siliciclastic sabkha sediments of an offshore prograding sand sea, Dhahran area, Saudi Arabia. AAPG Bulletin 67:280 – 312.

27. Kocurek G (1988) First-order and super bounding surfaces in eolian sequences— bounding surfaces revisited. Sed Geol 56 (1 – 4):193 – 206.

28. Fryberger SG, Schenk CJ, Krystinik LF (1988) Stokes surfaces and the effects of near-surface groundwater-table on aeolian deposition. Sedimentology 35 (1): 21 – 41.

29. Meadows NS, Beach A (1993) Structural and climatic controls on facies distribution in a mixed fluvial and aeolian reservoir; the Triassic Sherwood Sandstone in the Irish Sea. In: North CP, Prosser DJ (eds) Characterization of fluvial and aeolian reservoirs. Geological Society of London, Special Publication, vol 73. pp 247 – 264.

30. Pettijohn FJ (1963) Chemical composition of sandstones; excluding carbonate and volcanic sands, Chapter S. In: Data of geochemistry, vol 6. United States Geological Survey Professional Paper, pp 1 – 21.

31. Andrew JE, Walker JD (2009) Reconstructing late cenozoic deformation in central Panamint Valley, California: evolution of slip partitioning in the walker lane. Geosphere 5 (3):172 – 198.

32. Allen PA, Allen JR (1990) Basin analysis: principles and applications. Blackwell Sciences, USA, p 451.

33. Sclater JG Christie PAF (1980) Continental stretching: an explanation of the post-

mid cretaceous subsidence of the central North Sea basin. J Geophy Res 85: 3711 – 3739.

34. George GT, Berry JK (1993) A new palaeogeographic and depositional model for the Upper Rotliegend of the UK sector of the Southern North sea. In: North CP, Prosser DJ (eds) Characterization of fluvial and aeolian reservoirs, vol 73. Geological Society of London, Special Publication, pp 291 – 319.

35. Chan MA, Parry WT, Bowman JR (2000) Diagenetic Hematite and Manganese Oxides and fault-related fluid flow in jurassic sandstones, Southeastern Utah. AAPG Bull 84: 1281 – 1310.

36. Norris RM (1987) Eureka Valley sand dunes. In: Hall CA, Doyle-Jones V (eds) Plant biology of Eastern California. Natural history of the white-Inyo range: Symposium, vol 2. pp 207 – 211.

37. Jeans CV, Wray DS, Merriman RJ, Fisher MJ (2000) Volcanogenic clays in jurassic and cretaceous strata of England and the North sea basin. Clay Miner 35: 22 – 55.

38. Roen JB, Hosterman JW (1982) Misuse of the term 'bentonite' for ash beds of Devonian age in the Appalachian basin. Geol Soc Am Bull 93: 921 – 925.

第6章 致密气田中的盐分运动及成岩作用：东弗里西亚上 Rotliegend 案例研究

6.1 概 况

本章介绍了德国西北部上 Rotliegend Ⅱ 致密气田构造历史的连续逆向变形（图 6.1），以及它与成岩过程顺次相的关系。上 Rotliegend Ⅱ 储层岩沉积期间，研究区位于南部二叠纪盆地（SPB）的南缘，它是中欧盆地系统的一个亚盆地，经历了复杂的埋藏历史[1,2]。表 6.1 总结了岩性和相关沉积环境，以及随着时间推移，影响研究区的同期构造作用和气候变化。

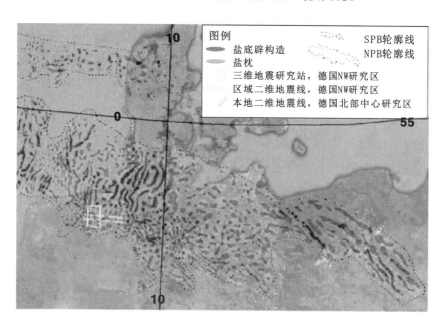

图 6.1 研究区域的地图

根据二叠纪盆地北部和二叠纪盆地南部 Zechstein 盐丘和枕状岩的位置绘制而成（after Lokhorst [62]）。NPB =北二叠纪盆地，SPB =南二叠纪盆地，盆地轮廓由 Ziegler[61] 和 Legler[46] 修改。

表 6.1　影响研究区的区域地质背景：构造、气候、岩性及沉积相组合　77

地 质 年 代	构造环境与环境响应	古气候	沉积相；岩相
德国上赤底统（Rotliegend）Ⅱ	位于 SPB 中部的常年咸水湖，随着时间的推移而扩大[21]，短暂的海洋入侵[47,22]	干旱-半干旱[23]	风成、萨布哈环境（sabkha）、河流（旱谷）及湖泊[21, 24, 25,47]
蔡希斯坦统（Zechstein）	与全球海平面上升同时发生的北极北大西洋裂谷引起的洪水[49]；二叠纪晚期，华力斯坎褶皱带与中欧盆地系统（CEBS）被一个复杂的多向裂谷系统切割	干旱；多次限制海水入侵[23]	叠加式蒸发循环（海洋黏土、碳酸盐、硫酸钙和岩盐、钾盐和镁盐）[26,27]
德国陆相下三叠统（Buntsandstein）	假定构造活动始于哈德格森（Hardegsen）构造相；几个裂谷脉冲；NNW—SSE 至 NE—SW 走向地堑和半地堑系统[49]	干旱[23]	在大陆和浅水湖沼、半干旱至高盐条件下沉积的红层[30,31]
壳灰岩阶（Muschelkalk）	特提斯裂谷通过重新激活的华力斯坎主断层，随地壳运动从特提斯裂谷系统扩展到其北部外围；特提斯盆地逐渐划分为次盆地	半干旱[23]	浅海条件限制开放海洋清水[49]；下壳灰岩：结构状石灰泥与层状石灰泥[33-35]；上壳灰岩：大量的碳酸盐岩台地（海百合状石灰岩，层状石灰岩至泥灰岩，含陶粒）[49]
考依波阶	差异沉降随北大西洋裂谷系统活动的增加而增大[36, 49]　南北走向带的伸展构造（如格鲁克施塔特地堑），西北-东南走向构造（如 Tornguist—Teisseyre 构造线）的走滑运动[37]	半干旱-润湿[23]	碎屑河流-三角洲/河口体系，从芬诺斯坎底亚（Fennoscandia）逐渐向南推进，沿西南盆地边缘与海相、局限海相和部分蒸发海相、半干旱海相及近海环境相交[38, 39]

78

续　表

地 质 年 代	构造环境与环境响应	古气候	沉积相；岩相
侏罗纪	北海地区受热隆升和侵蚀影响，导致大量碎屑沉积[49]；北冰洋-北大西洋裂谷体系在整个侏罗纪期间都很活跃，到白垩纪晚期才演化为劳亚古大陆的断裂轴[49]	半干旱-热带[23]	到早侏罗纪晚期，西欧和中欧的大部分地区被外陆海所占据，这为特提斯河和北冰洋之间提供了自由通道[40]；陆相碎屑陆棚海相砂岩到海相黏土和泥岩
早白垩纪	横跨北极和北大西洋裂谷体系的地壳伸展，主要的构造-海平面升降变化和构造活动的增加[49]	热带[23]	原始北海最南端的盆地沉积了海相硅屑沉积物[49]；晚白垩纪：塞诺曼-达宁阶白垩；晚期碳酸盐岩台地[49]

应用逐步后退变形的目的在于区分盐上升机制、盐变形的时间以及它们与区域构造活动的关系。逆向变形技术考虑了沉积、减压、断层相关变形、盐分运动、热沉降和均衡[3]。将构造和盐分运动学的重建时间与从岩心塞样品的岩相检查中检测到的关键成岩过程进行比较，并与胶结物相中的流体包裹体微热测定分析相结合。

拉伸盆地的逆向变形涉及在考虑等静压效应和沉积物减压情况下逐步去除沉积物荷载[3]。这种断面修复技术最初是为了恢复压缩构造而开发的[4]，后来应用于以特征为伸展构造的区域[5]。Hossack 和 McGuinnes[6]、Rowan[7]、Bishop[8] 以及 Buchanan 等[9] 成功地将这种方法应用于盐构造区域。在德国西北部研究区，晚二叠世泽 Zechstein 盐底辟和枕部的升降对局部构造和同沉积构造有很大的影响。由于在整个地质时期中盐作为黏性流体的行为（如关于盐分运动学复杂性的研究[10,11]，自模拟建模研究[12-14]，以及数值模拟研究[15-17]），受盐构造影响的区域的逆向变形具有挑战性和局限性。然而，在这项研究中，作者提出了区域逆向变形，进行了多学科综合研究，包括流体包裹体测量[18,19]和等厚线图分析，这为沉积物负荷和埋藏历史提供了有价值的信息。

因此减小了后向变形的不确定性。

6.2　数据和方法

研究区位于德国西北部的东弗里西亚，在叠前深度偏移（PSDM）和叠后时间偏移（PSTM；图 6.2、图 6.3）过程中，覆盖了 293 km² 的三维地震体。地震数据集包含一条长 100 km 的区域，近似 W—E 的 PSTM 2D 地震线，横穿 3D 地震勘探的南部（图 6.3）。区域二维地震线采用声波测井校准速度模型进行深度转换，以便将其连接到 PSDM 数据和井。地震属性（方

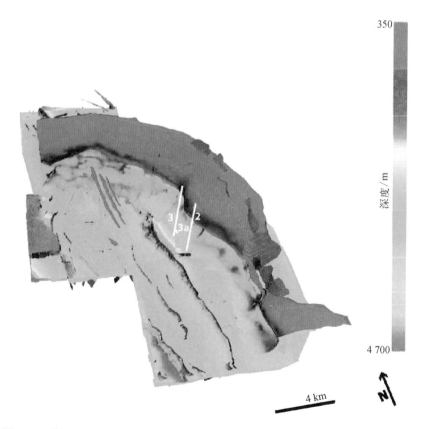

图 6.2　采用 Top Rotliegend 深度图、断层和盐丘来解释主要研究区域的三维地震立方体（带岩心的 Rotliegend 地层用白色表示）

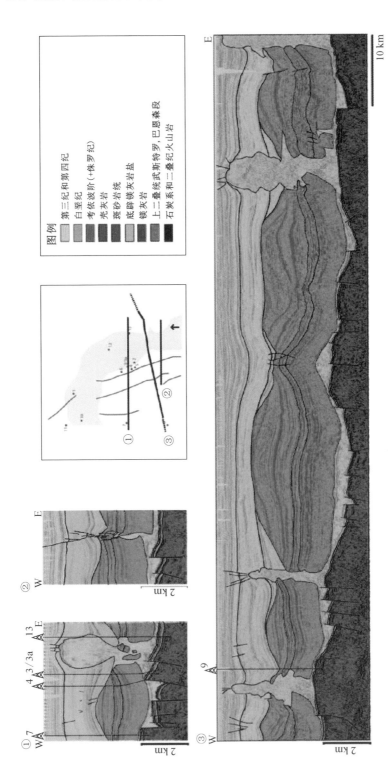

图 6.3　德国西北研究区二维地震线、井位和主要断层的位置（灰色阴影区域）

主要用于反转变形区（图 6.1 中的黄色区域）；原地震线 1—3 上描述了地震解释和地层间隔。

差、混沌）分析提供了古沉积和古地貌背景信息。此外，研究人员还整合了位于 Zechstein 盐构造下方结构高点的 14 口井（FMI/FMS 测井仅适用于井 3a）的测井数据。分析了 3 口井（井 2、井 3、井 3a）的岩心材料，重点是上 Rotliegend Ⅱ。考虑宏观相分析、薄片分析[20]，X 射线衍射[20]、SEM 成像[41]、阴极发光及流体包裹体测量[18,19]这些因素都被考虑在内。由 Lee[19]主导的储层评价研究，考虑了 2 号井上 Rotliegend Ⅱ 的流体包裹体和伊利石胶结物 K/Ar 年代测定，通过石油系统模拟得出埋藏史和温度史。

　　除了重点研究区域的数据外，还采用了位于德国中北部二维 PSTM 地震线来验证后变形方法（图 6.4）。根据从几口井的井记录中提取的速度模型对横截面进行深度转换。井 Ⅰ 可以提供井控，位于 2D 地震线的中心部分。

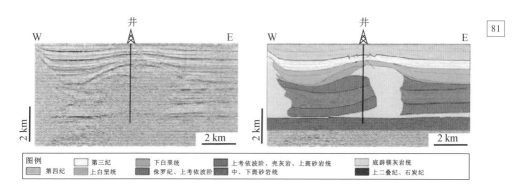

图 6.4　德国中北部二维地震线用于反转变形区（如图 6.1
　　　　橙色区域所示）（右地震线上附有解释和井位）

6.2.1　3D 等厚线资料

　　关键地层的 13 个等值线图是根据地震层位计算得到的（图 6.5），包括上 Rotliegend Ⅱ、Zechstein、下 Buntsandstein、上 Buntsandstein（RötAssor）、下 Muschelkalk、Middle Muschelkalk、上 Muschelkalk、下 Keuper、上 Keuper ±侏罗纪、下白垩统、Cenomanian-Santonian（早白垩世早期）、上白垩统（Campanian）和马斯特里赫特（最新的白垩纪上部）。差异沉积物载荷作为对区域和局部构造以及盐分运动学的响应，为构造历史提供了一个输入参数。沉积物厚度增加或减少的区域表明了构造运动的发生，在大多数情况下，在研究区域中，与盐分运动相关。正常断层上盘的沉积厚度增加，而下盘的沉积厚度减少，这与断层引起的古地形起伏形成鲜明对比（第4章）。

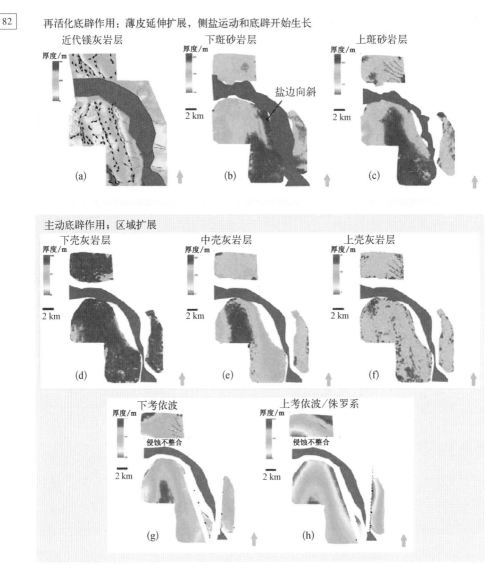

图 6.5 研究区由老到幼等厚图（该图显示了不同盐构造机制的背景）

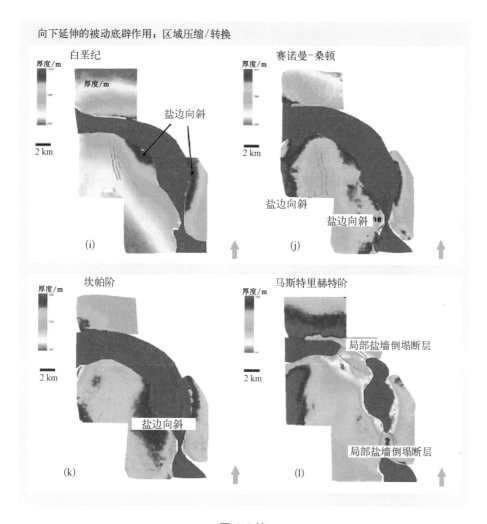

图 6.5 续

6.2.2　2D 反转变型

有 10 个解释地层层位被用于二维逆向变形（图 6.6～图 6.8）：Top Rotliegend，Top Zechstein，Top Solling（上 Buntsandstein；作为 Röt 蒸发岩的基础），基底 Muschelkalk，基底 Keuper，基底上 Keuper，基底白垩纪，基底上白垩统，基底马斯特里赫特（最新的上白垩统）和基底第三纪（图 6.3）。顺序恢复的主要目标是分离在特定时间内控制不断变化的盆地几何形状的各种过程，并量化它们的个体影响（例如，Rowan）。正如 Rowan 总结的那样，必

84

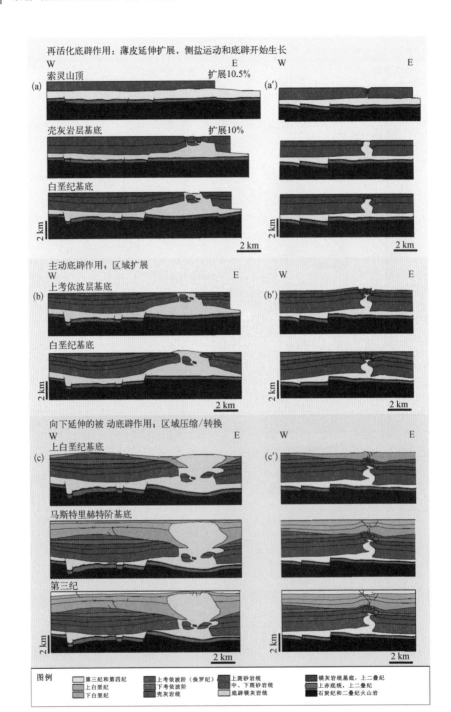

图 6.6　源自三维地震立方体，反转变形、深度偏移地震剖面（图 6.3 第 1、2 行）（在不同的盐构造机制背景下，以年代地层顺序连续事件的图解，用彩色框架表示）

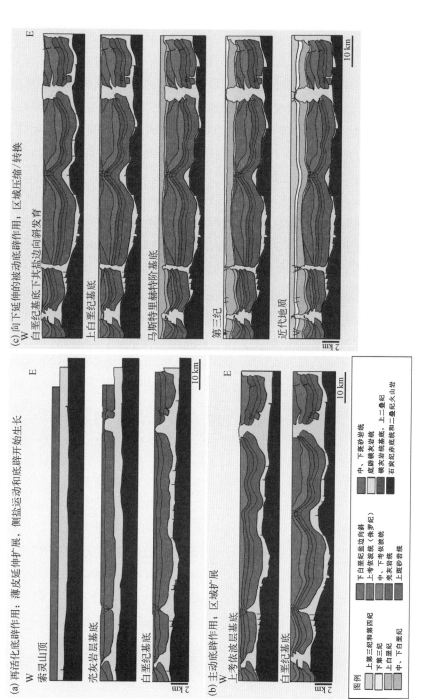

图 6.7　逆变形、深度转换区域性二维地震线（图 6.3 线 3）[由老到幼（相反）的事件的说明，在不同的背景下制机制的背景下描述，用彩色的框架表示]

须考虑以下控制盆地发育的几个因素。① 沉积模式：沉积物厚度和相的变化，这取决于物源和盆地地形；② 压实：沉降和埋藏过程中，沉积物厚度逐渐减小，密度增加；③ 海平面变化；④ 断层相关变形：在研究区域，主要表现为由区域伸展和（或）盐分运动引起的正常断裂和相关褶皱（逆断层在特定区域很少发生）；⑤ 盐分运动：盐沉积，底辟和侧向流动是为了应对沉积物负荷和区域延伸；⑥ 地壳均衡：该影响主要是由沉积物荷载引起的，包括断层和（或）盐分运动引起的隆起或沉降；⑦ 热沉降：与断裂后冷却有关的区域沉降。

沉积模式、盐分运动、断层、压实、外部均衡和热沉降被认为是研究区域重新形成的关键参数。从年轻到年老，经过一系列的移除，在剖面上应用适合特定岩性的参数分解方法。应用的分解算法参照了 Sclater 和 Christie[42] 发布的砂岩、页岩和砂岩-页岩混合物的数据，以及 Schmoker 和 Halley[43] 发布的石灰岩数据。通过分析井记录和测井曲线获取沉积物特征。采用"弯曲均衡"模型[44]对剖面恢复的影响较小。基底受地形和地下荷载的影响发生偏移，板块弯曲引起了区域补偿[44]。深度补偿质量引起的地形与重力异常之间的关系受长度影响，因此可以在分析窗口内提供弹性岩石圈的抗弯强度估算[44]。然而，逆向变形中使用的算法最初是为脆性岩石变形而开发的，很难再现盐的黏性流体运动学[7]。因此，盐只能被动地恢复，在逆向变形过程中被视为被动层。盐区域估算在时间上是恒定的。

6.3　结　果

向南开放的 U 形主要是底辟的盐壁，横跨三维地震勘测（图 6.2）。盐壁的西部分支没有被三维地震勘探覆盖，但是相邻的向斜和与盐堆积相关的变形可以沿着调查的西部边界识别。此外，可以在区域二维地震线上完全观察到盐壁范围（图 6.3）。在二维地震线的中心部分，有一个盐芯背斜，在东部有一个带有大量悬垂的盐底辟；最东端的盐底辟将地震剖面界定为 E。德国中北部的地震剖面显示了两个盐底辟，其中一个位于该线的中心，另一个位于 W 线的边界（图 6.4）。

模拟研究[12-14]表明，由于黏度低，盐类不能传递大的差异应力。因此，盐后系列被认为是 Zechstein 盐在构造上从下覆岩中解耦出来的，起着剥落面的作用（图 6.3、图 6.4）。下面将分别描述盆地充填演替由早到晚的逆变形阶段和盐前、盐后时期。根据其变形特征，选择东西向的二维截面。主要基底和盐覆盖层断层都呈 N－S 走向。由于主要的盐墙和底辟呈东西向变形，北南向延长，随着时间推移，只有北南向剖面显示出较弱的盐分运动。

6.3.1　三维等压分析及岩性

在研究区，仅晚上 Rotliegend Ⅱ 地层沉积是为了应对构造诱导的 SPB 边缘沉积[45,46]。气藏岩石包括晚上 Rotliegend Ⅱ 时期 Wustrow 组和 Bahnsen 组[47]的河流-风积沙-砂岩。通过 Vackiner 等的详细等值线图解释，重建了同步断层活动和现有的古地形。[47]

Zechstein 的总沉积厚度在 50～750 m 范围内变化［图 6.5（a）］。盐结构（圆顶、盐墙和枕状）的高度可达 4 000 m。除了盐底辟堆积外，Zechstein 顶部位于 3 240～4 580 m 深处。Top Rotliegend 地震反射器介于 3 750～5 170 m。盐的排出和大量的盐分运动导致了厚度的变化［图 6.8（a）］。在盐浮力和夹带作用下，先前存在的断裂带和那些同构造演化为盐分运动的断裂带最有可能形成残余物圈闭，如外来角砾岩和硬石膏块体。在盐层枯竭区钻探的井主要回收了盐分运动过程中的 Zechstein 沉积物（硬石膏、白云岩、石灰岩和黏土岩，特别是最早的 Zechstein 海侵时期沉积的 Kupferschiefer）。Zechstein1 等厚线图显示了 Lower Zechstein 沉积过程中存在石炭纪至 Rotliegend 断层诱导型的地形（第 4 章）[47]；相反，较新的 Zechstein（Z2 和更新的）始终覆盖并掩盖了初始颗粒结构。

通过把顶部蔡希斯坦（深度为 3 240～4 580 m）减去顶部索林（Solling）（深度为 2 580～3 930 m），可以计算出下中段的斑砂岩统等厚图［图 6.5（b）］。在下斑砂岩统期间，局部沉积环境主要是黏土沉积与一些互层的鲕粒灰岩和砂岩层。盐墙西部分支东侧的沉积厚度为 400～500 m。在盐墙东部分支的西侧，下斑砂岩统厚度达到 800 m［图 6.5（b）］。斑砂岩统中部剖面是由砂岩和夹层黏土石构成的，盐壁附近裸露的沉积物厚度略高，或是由于盐缘向斜的早期发育，或是由于盐侵造成的沉积物位移。从下斑砂岩统等厚线图［图 6.5（c）］上看，顶部索林（Solling）（深度为 2 580～3 930 m）作为基底边界，顶部斑砂岩统（深度为 2 430～3 500 m）作为顶部边界。虽然索林组主要是由黏土石构成的，但早期的 Röt 组主要是岩盐和硬石膏。晚

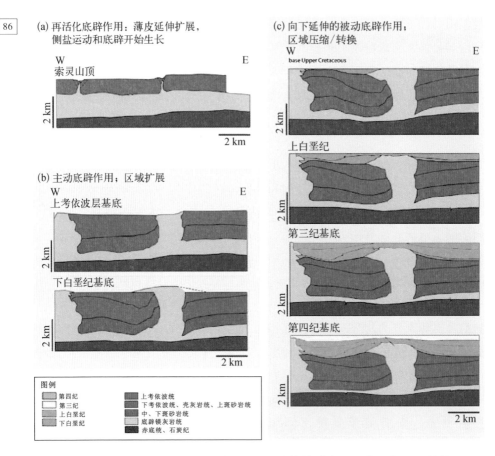

图 6.8　德国中部北部地震线的逆变形、深度转换［由老到幼（相反）的插图，以不同的盐构造机制为背景，用彩色框架表示］

　　Röt 组主要由泥岩构成。在 U 形盐壁分支之间的中心形成厚度达 540 m 的沉积物。在西部研究区内，沉积物最小厚度为 110 m，其位于盐墙底部。Keuper 同生断层呈 ENE—WSW 走向，向 SW 倾斜，与西南研究区北部上斑砂岩统地层错位（图 6.3）。

　　壳灰岩（Muschelkalk）地层由顶部斑砂岩统（深度为 2 430~3 500 m）和基底考依波统（深度为 2 460~3 230 m，图 6.3）支撑。壳灰岩 3 个亚段的等厚线图［图 6.5（d）、图 6.5（e）和图 6.5（f）］。较低的壳灰岩石灰石、硬石膏和白云石厚度为 70~210 m。在上斑砂岩统期间形成的 U 形盐壁分支之间的沉积中心［图 6.5（d）］在 Muschelkalk 地层中下部分很活跃［图 6.5（e）（f）］。在中壳灰岩泥灰岩期间，硬石膏和岩盐的厚度为 80~190 m。

在某些地方，由白云岩-石灰石构成的上壳灰岩被白垩纪基底不整合面切割。上壳灰岩沉积物厚度为 0~100 m。从逆变形截面和等厚度图中观察到，上壳灰岩厚度相对恒定，大约 80 m。

侏罗纪和考依波统沉积剖面以顶部壳灰岩（深度为 2 460~3 230 m）和白垩系（深度为 1 840~3 090 m）底部大面积褶皱的侵蚀不整合面为界。考依波统沉积演变是以泥岩为主。下考依波统的厚度为 0~700 m［图 6.5（g）］。其高厚度变化不是由沉积后白垩纪基底切口引起的，而是由盐壁分支之间的同沉积沉积中心形成的。同沉积构造体系以 SW—NE 向延伸为主，位于北部的生长断层呈 ENE—WSW 走向，并向 SW 倾斜［图 6.5（h）］。侏罗纪和上考依波统的沉积厚度为 0~870 m［图 6.5（h）］。侏罗纪和上考依波统侧向展布受到侵蚀性白垩纪基底不整合面的制约，该不整合面深深地切入上考依波统沉积物中。侏罗纪地层的存在只能被假设，因为它们还没有在盐壁上被钻过。然而，它们很可能存在于研究区中心，这是沉积厚度最大的区域。沉积物厚度的显著变化归因于活跃的同沉积沉积中心，以及白垩纪基底不整合面对盐壁边缘的侵蚀［图 6.5（h）］。ENE—WSW 正断层位于盐壁的北侧，上斑砂岩统向侏罗纪地层偏离。它们在侏罗纪和上考依波统时期很活跃。此外，正断层的活动范围仅局限于侏罗纪和上考依波统期间，它将盐墙 E 区与盐墙 W 区的沉积物相互置换。总体而言，研究区东部的沉积物堆积较高［图 6.5（h）］。

白垩纪基底不整合面的深度 1 840~3 090 m。顶部-下白垩统/基底-上白垩统 1 480~2 620 m。下白垩统受到盐分运动以及与盐相关的沉积物发育的影响较大［图 6.5（i）］。沉积物厚度介于 30~1 270 m。沉积中心用大于 1 000 m 的沉积物厚度来表示，直接围绕着底辟盐壁［图 6.5（i）］。自下白垩统起，沿底辟盐壁两侧，可以确定大面积的边缘向斜。在底辟盐壁以西 5 km 处，研究区中心沉积物厚度仅为 300 m，正常发育的断层起因于盆底弯曲，由盐缘向斜沉积中心承受着巨大的沉积物负荷［图 6.5（i）］。

在下白垩统至桑托阶，这些断层非常活跃。此外，二叠纪（Rotliegend），下蔡希斯坦统（lower Zechstein）和石炭纪基底中，白垩纪逆构造沿着较老的复活断层发育了小型逆断层。由于沉积物厚度高且盐变形差异大，上白垩统描述细分为 3 部分：Cenomanian-Santonian［石灰岩和泥灰岩，图 6.5（j）］，Campanian［石灰岩和泥灰岩，图 6.5（k）］和 Maastrichtian［石灰石，白垩，图 6.5 (1)]。在 Cenomanian-Santonian 期间，沉积物厚度在 50~740 m 变化。最广泛的盐缘向斜沿盐壁西支发育，沉积厚度最大 [图 6.5 (j)]。沿着共轭东部盐壁分支的边缘向斜也有 400 m 的沉积厚度。相比之下，研究区中心仅沉积物平均厚度为 280 m。下白垩统以来，由于边缘向斜的高沉陷载荷，盐壁分枝间的中心发育了外延同生断层。生长断层活动表现为悬壁沉积厚度增加 [图 6.5 (j)]。东部盐壁分支的南侧区域变窄。

笔者认为收缩带沿途的盐沉积呈枕状，盐残留物和接口处是以前盐填充处留下的。在收缩带上方，正常的塌陷断层活动导致下盘和上盘区块的泥沙厚度分别为 350 m 和 750 m [图 6.5 (j)]。在坎帕阶期间，盐环向斜构造活跃，沉积厚度可达 700 m，表明盐位于靠近地表位置。相比之下，研究区中心积聚了 450 m 的沉积物。盐壁在收缩区域的顶部发生塌陷 [图 6.5 (k)]。Maastrichtian 厚度为 30~400 m。沿着西部盐墙分支东侧，盐缘向斜不断发育，沉积厚度达 400 m，北部盐壁的边缘记录了盐迁移的证据 [图 6.5 (1)]。在收缩带上方，正常坍塌断层紧挨着的区域悬壁沉积厚度增加。Maastrichtian 时期，大部分断层形成于盐堆积顶部。沿着盐壁东北弯曲的另一个较小的坍塌区域只影响了 Maastrichtian 沉积物。它的边缘是几个向中心盐底辟倾斜的正断层。在这些区域中沉积物厚度略微增加，不能归因于盐塌陷（在收缩带结构的大小），而是归因于侧向盐分运动，例如，盐墙的北部和西部，绘制出大面积的盐缘向斜 [图 6.5 (1)]。

第三纪和第四纪沉积模式受塌陷断层的影响，塌陷断层与盐壁顶部沉积厚度增加的区域相邻。今天，断层活动和盐分运动仍在进行中。第三纪主要由黏土岩构成，而第四纪和最新的第三系剖面以粗粒砂岩和细粒砾石为主。

6.3.2 2D 反转变型

上二叠纪（Upper Rotliegend）Ⅱ 地层经历了多个变形阶段，重新激活了石炭系和二叠系构造，与河流-风成砂岩的多成岩叠印[1,48,49]相关。在下文中，将变形阶段划分为盐构造运动。对于最下层的 Zechstein 同沉积构造可以重建。相反，Upper Zechstein 不受同沉积变形的影响。三维地震资料 [图 6.3、图 6.6 (a)~(c)] 中绘制了完全包裹在盐中，由 Buntsandstein 到 Muschelkalk 岩性构成的脆性盐内碎屑。碎片沉没还是上升到盐中，运动学模型没有提供进一步限制。逆向变形［图 6.6（a'）~（c'）］表明，在 Muschelkalk 期间盐壁上方的受限区域经历了早期坍塌，以活跃的正常坍塌断层为界［图 6.6（a'）］。正因为如此，这些断层悬壁上的 Muschelkalk 厚度大于下盘。

对于 2D 地震线中最东端的盐丘［图 6.3、图 6.7、图 6.9（a）］，绘制出一个巨大的潜在盐层，直接覆盖了 Top Lower Keuper［图 6.7（b）］。它的侧向延伸 5 km，厚度达 200 m，靠近盐底辟茎。侵蚀到下面的沉积物中［图 6.9（a）］，表明陆面暴露。分别观测到顶部沉积、上超、下超［图 6.9（a）］。盐侵同上层和下层沉积物同时接触。然而，在 Lower Keuper 区间观察到几个较小的盐 namakiers，入侵面积高达 10 000 m^2。在二维区域地震线上观察到侏罗纪盐环向斜［图 6.7（b）］。位于二维地震线中心的盐枕（图 6.3）自上三叠统起开始向下移，在 Upper Keuper 期间达到最明显的高度［图 6.7（b）］。在德国中北部绘制了另一个巨大的盐岩 namakier，其横向延伸 1 km，厚度达 900 m，不规则地覆盖在白垩纪北部［图 6.4、图 6.8、图 6.9（b）］。同样，下层沉积物被盐侵蚀性覆盖，覆盖层沉积物向下倾斜或重叠［图 6.8（b）、图 6.9（b）］。

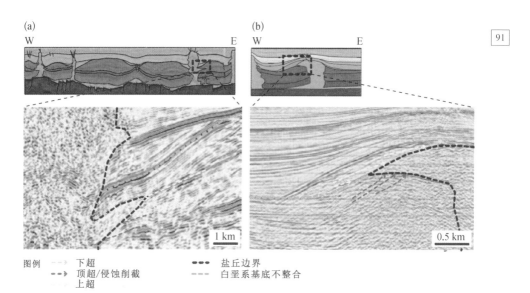

图例

‐‐‐> 下超　　　●‐●‐● 盐丘边界
‐‐➤ 顶超/侵蚀削截　　‐‐‐ 白垩系基底不整合
　　　 上超

图 6.9　巨大的潜在盐 namakiers 区域，其下覆沉积物呈叠层状
　　　　（左盐 namakier 位于德国西北部二维区域地震线内；右盐
　　　　namakier 位于德国中北部二维区域地震线内）

91

对于下白垩统，由于盐缘向斜沉积中心巨大沉积物载荷而使得沉积基底发生弯曲，正同生断层活动被划分到下白垩统至 Santonian 沉积［图 6.6（c）］。详细重建了上白垩统至盐壁顶部第三系塌陷断层的发育过程［图 6.6（a′）~（c′）］。与白垩纪同沉积构造背景相反，第三纪不受构造变形的影响（图 6.6、图 6.7、图 6.8）。

6.3.3 岩心数据（砂岩岩石学，包体矿物学）

岩心数据只能从德国西北部的主要研究区获得。用于砂岩岩石学附加分析的井位于主要断层下盘（图 6.2），距断裂带 0.6 km（井 3）和 0.9 km（井 3a）。显微测温[18,19]揭示了流体包裹体形成的几个阶段。通过测井曲线的温度曲线，证实了假设的地热梯度为 33℃/km。在 2 号、3 号井中，碳酸盐岩和石英胶结物中的流体包裹体主要由水、亚氯酸钠和亚氯酸钙组成，温度为 140~170℃。3a 井中的石英和方解石胶结物离断裂带距离较远，其显微测温没有那么高（120~150℃）。胶结物地层中流体包裹体层温为 145~170℃，被划分到上白垩统早期上 Rotliegend Ⅱ 埋藏深度。温度上升到 120~145℃归因于下白垩统至上侏罗统的埋藏深度。Lee[19]对研究区流体包裹体的研究和 K-Ar 测年结果表明，研究区中伊利石和石英析出相重叠，胶结作用主要发生在上侏罗统至下白垩统期间北海中部的隆起事件及相关伸展构造中。

储层岩石（上 Rotliegend Ⅱ Wustrow 段和 Bahnsen 段）直接覆盖在石炭系基底和较老 Rotliegend 火山岩上，通过岩石学、阴极射线发光[20]和扫描电镜（SEM）图（图 6.10）[41]来分析和划分 5 个成岩阶段。这些数据与图 6.11 中的热历史模型相结合，表明变形的主要阶段是侏罗纪、下白垩统和上白垩统。在下文中，Havenith 等报告的成岩阶段[20]，将按时间顺序进行描述（图 6.10）。

早期成岩作用：伊利石在碎屑矿物颗粒周围呈不连续的切向边缘生长。完整的涂层只能在靠近底层火山岩和火山角砾岩的岩石单元中找到［图 6.10（a3）］。这表明，在以石英为主的风成砂中发生了蚀变火山物质的同沉积混合物。

中成岩作用：（1）在早期还原条件下，富含亚铁的绿泥石作为包围孔隙空间的径向纤维边缘而生长。Al^{3+} 和 Si^{4+} 等化学成分可能在压实开始时就被

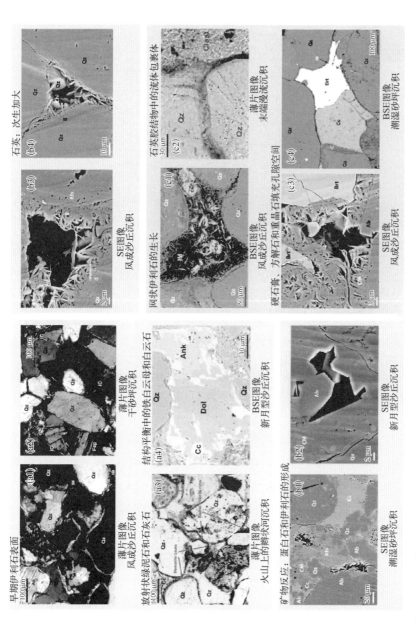

图 6.10　薄片，BSE 和 SEM 图像（a1～c4）显示了从古至今的成岩历史。在不同变形机制的背景下对图像进行分组

Qz—石英；Ab—钠长石；Kfs—钾长石；Fsp—长石（无分化）；Cc—方解石；Brt—重晶石；Chl—绿泥石；Il—伊利石；IM—网状伊利石；
IC—伊利石表面；CM—黏土矿物（无分化）

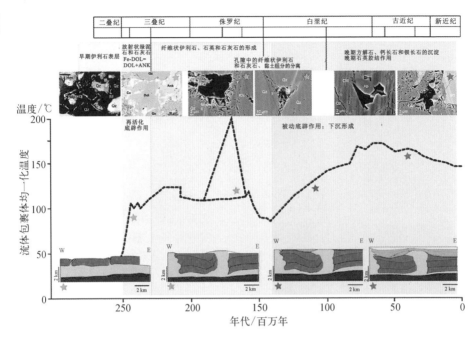

图 6.11　从侏罗纪有（上虚线）无（下虚线）热液峰值的含油气系统模型中获取的储层温度变化（虚线）与不同阶段的盐构造机制及成岩作用有关（Blumenstein-Weingartz 2010）温度曲线上的流体包裹体均一温度与相同颜色的星星所显示的成岩机制及盐构造相对应[18,19]

　　Qz —石英；Ab —钠长石；Kfs —钾长石；Fsp —长石［无分化］；Cc—方解石；Brt —重晶石；Chl — 绿泥石；Il —伊利石；IM —网状伊利石；IC —伊利石表层边缘；CM —黏土矿物［无分化］

激活了。(2) Fe –白云石分离为白云石和铁白云石，因此经常表现为结构平衡 ［图 6.10（a4）］。(3) 石英矿物过度生长及压溶作用，板状伊利石和晚绿泥石新形成，本质上降低了粒间孔隙 ［图 6.10（b4）］。绿泥石中含有 Fe^{2+} 和 Mg^{2+}，它们是白云石和铁白云石与方解石反应时释放出来的。钠石过度发育，形成自形晶体，孔隙开放 ［图 6.10（b2）］。纤维和网状伊利石基本黏合了孔隙空间。自生金红石的存在被解释为烃类运移[50]。(4) 孔隙空间中石英的持续过度发育 ［图 6.10（c2）］、纤维状伊利石和绿泥石的析出 ［图 6.10（c1）］与晚期成矿有关。形成伊利石所需的化学成分很可能来自溶解的长石和早期伊利石涂层和板块 ［图 6.10（a1）（a2）］。(5) 最后观察到的成岩阶段包括晚期石英过度发育，以及硬石膏、方解石和重晶石的析出，可能源自 Zechstein 盐水 ［图 6.10（c3）（c4）］。

　　这项研究分析了等厚图的数据（图 6.5），通过变形恢复进行地震剖面解释（图 6.6~图 6.8），以确定不同的盐上升机制，将它们划分为特定的构造阶段，并研究它们对上 Rotliegend Ⅱ 致密储层岩石的成岩作用（图 6.10、图 6.11）。

　　它们促使了上 Rotliegend Ⅱ 致密储层岩的成岩作用（图 6.10、图 6.11）。Vendeville 和 Jackson[10] 定义了 U 形盐壁遵循盐上升机制、反应性、主动和被动底辟。其发展变化可能起因于构造扩展速率的变化、源层的耗竭或沉积速率的变化（图 6.6~图 6.8）[51]。二维逆变形不确定性包括盐变形的三维空间变化、盐外移剖面运移和盐地面暴露过程中的质量量化 ［图 6.7（b）、图 6.8（b）］。因此，二维盐区的详细定量是不可能的。假设盐区在时间上是恒定的，并将沉积厚度作为盐构造机制定义的代表。在下文中，将按时间顺序逐步描述最可能的盐上升机制。

　　在蔡希斯坦统顶部，逆变形截面显示蔡希斯坦统的原始厚度为 750 ~ 900 m。在研究区域中部的逆变形区域内，蔡希斯坦统厚度略高 ［图 6.6（a）］。受断裂控制石炭纪至 Rotliegend 古地形被超覆，最终被 Zechstein 海侵覆盖。由于 Top Zechstein 最有可能在盐分运动开始之前发育成水平面，因此其厚度的变化归因于下伏地形。

　　荷兰的 Geluk[52,53] 和德国北部[46] 的 Legler 等描述了 Zechstein 期早期构造事件。在 Zechstein Z1 的等值线图中，从下盘到上盘区块的厚度变化很明显（第 4 章）[47]。早期的 Zechstein 构造事件与 Tubantian Ⅰ 构造事件同时发生并由 Geluk 描述[52]，被认为对研究区域产生了很大影响。相比之下，晚 Zechstein 被假定为是一个构造相对平静的时期。虽然研究区域只有少量同沉积 Zechstein 断层的证据，但盆地沉降不能单独解释早二叠世热异常后冷却和压实的影响[48]。虽然研究区只有少量的同沉积 Zechstein 断裂证据，但盆地的沉降不能完全用早二叠世热异常[48] 后的冷却和压实作用来解释。

　　与沉积后原地蚀变同时期，上 Rotliegend Ⅱ 砂岩在碎屑石英和长石颗粒周围发育了不连续的伊利石边缘 ［图 6.10（a3）］，这类似于 Schoner 和 Gaupp[54] 描述的有关早期成岩作用的观察结果。

　　在 Lower Buntsandstein 侧向盐运移过程中，由于覆盖层中构造诱导的差异负荷，导致盐溶，可能通过覆盖层破坏盐 ［图 6.6（a）（a'）、图 6.7（a）、图 6.8（a）］。反应性底辟期间盐的上升速率完全取决于延伸率。在美国犹他州峡谷地国家公园的脆弱覆盖层下面的黏性盐流就是这种底辟阶段的现代模拟实例[55]。盐的侧向移动适应了一系列规则间隔地堑的变形。反应性底辟发育在以增强地堑位移[55]为特征的地区具有优先性。逆向变形结果意味着轻微的薄层延伸，这很可能是盐分运动初始阶段的原因。

在 Mohr 等[56] 和 Kukla 等[57] 之后，薄皮延伸的主要阶段发生在上 Buntsandstein 期间，这导致 Buntsandstein 沉积盖层的断层。同沉积断层在底辟顶部附近打开并切割时，盐挤压和底辟作用开始。在进一步扩展过程中，初始的小型盐壁变宽 [图 6.6（a）（a′）、图 6.7（a）、图 6.8（a）]。未演化为底辟的盐穿刺以盐熔接面、薄层盐或角砾化的不溶残留物的形式，保存在覆盖层中（图 6.7）[59]。早期和中期三叠纪盐构造通常由反应性底辟对薄层延伸的作用引起 [图 6.6（a）（a′）、图 6.7（a）、图 6.8（a）]。在最近的 Muschelkalk 时期，底辟盐壁位于沉积物表面正下方，或者最有可能到达表面。构造叠加的成岩作用导致 Fe－白云石分解形成白云岩和铁白云石，这发生在结构平衡过程中 [图 6.10（a4）]。

大多数侏罗纪地层和 Keuper 部分地区在早白垩世反转构造期间被侵蚀 [图 6.6（c）（c′）、图 6.7（c）、图 6.8（c）]。两个巨大的盐层 namakiers 在 Keuper 和 Jurassic 基础上被绘制（图 6.9）出来，它们是区域扩张过程中底辟作用活跃的指示物。盐 namakiers 与盐片的几何形状不同。它们蚀断了下伏地层，而盐侵只会使地层膨胀而不发生截断（图 6.9）[51]。在研究区中，Lower Keuper 地层（德国西北部），分别是上 Keuper（德国中部北部）和（或）Jurassic 地层（德国中部北部），顶超抗侵蚀不整合面（图 6.9），被盐 namakiers 沉积物覆盖。覆盖层沉积物（Lower Cretaceous 或上 Keuper）显示出了顶超和下超。盐底辟的主动侵入往往会在覆岩内部造成空间问题，只有当覆岩较薄时才可能发生，而盐压必须超过覆岩的脆性强度 [图 6.8、图 6.7（b）][51]。一旦活跃的底辟作用开始，盐底辟会刺穿每一个试图掩埋它的新沉积增量[51]。在这种情况下，盐 namakiers 只在地震剖面中底辟杆的一侧解释。在逆变形剖面，相等的盐 namakiers 被假定位于相关底辟茎的相对侧。如果 namakier 最初对称发育，那么其中一个挤压盐层在地面暴露过程中被侵蚀或淋滤。除盐冰川外，还发育了具有椭圆形弯曲断层的单层构造，巨大的 Buntsandstein 和上 Buntsandstein－Muschelkalk 脆性盐内碎屑（高达约 1 km³）[图 6.6（b）]在盐剖面内移动。德国北部盐冰川发育的时间与研究区相比存在差异，这表明地面盐暴露随年代变化。在西南部的 SPB 边缘，早在下 Keuper 期间观察到陆上盐暴露；而在 SPB 的南缘，它仅发生在上侏罗统/下白垩统。陆相盐暴露早在下 Keuper 就已发现，而在南缘，仅在上 Jurassic/下 Cretaceous 出现。因此，与 SPB 西南缘相比，南缘活跃底辟作用的地球动力学特征更为持久。温度为 120~145℃，与侏罗纪（下白垩统）埋藏深度相匹配。粒间胶结物是在盐分运动学由主动式向被动式转变的同时发育的。中成岩相（ⅲ）矿物反应包括方解石胶结新生作用、石英过度生长［图 6.10（b4）］、压力溶液和晚绿泥石析出［图 6.10（b3）］。自生伊利石 K/Ar 年龄也指明了侏罗纪年龄[19]，证实了微测温结果。

在（侏罗纪）下 Cretaceous 期间，被动底辟和大规模沉积物下沉的阶段［图 6.6（c）（c′）、图 6.7（c）、图 6.8（c）］开始了，并且仍在进行中。沉积物下沉导致盐底辟发育与盐构造基底下沉同时发生，而盐底辟顶部仍停留在地表。在下沉阶段，发育了大面积盐缘向斜［图 6.6（c）、图 6.7（c）］。由于盐缘向斜局部沉积负荷高，断层发育位于研究区中心盐构造远端。［图 6.5（i）（j）、图 6.6（c）］。晚白垩世至第三纪受阿尔卑斯山挤压变形和北大西洋开放的影响[48,60]。在盐盖层和下伏岩层切割过程中，可以观察到局部反转结构［图 6.5（h）］。它们与盐在底辟茎中被压缩、撤回底辟有关。流体包裹体均匀化温度为 145~170℃，可分为上白垩统埋藏深度和应力状态［中期成因相（ⅴ）］，在此期间，网状伊利石和晚绿泥石进一步发育［图 6.10（c1）］，进一步石英胶结［图 6.10（c2）］，方解石压溶和过度生长。上白垩统下沉与后期硬石膏、方解石、重晶石充填孔隙成岩作用是同时期发生的［图 6.10（c3）（c4）］。

6.4　结　论

由于研究区受到蔡希斯坦统盐的强烈影响，因此，笔者将盐动力的主要阶段划分为区域构造事件。早期或晚期的区域伸展和缩短导致盐底辟发育和同期沉积中心发育经历 3 个连续阶段。研究区构造和地层演化经历了从二叠纪晚期到今天盐构造的上升过程。盐构造体积和结构多变，包括简单的盐核背斜和复杂的盐穹窿，这些盐穹窿很可能是化石盐冰川，嵌在盐构造附近的地层中。随着时间的推移，与盐升相关的沉积中心也不同：盐壁宿主上部的盐缘向斜和塌陷分别与断层发育有关，使斑砂岩统至第三系沉积厚度增至 700 m。

（1）盐分运动始于侧向盐流。在薄层延伸期间，通过构造诱导的差异负荷启动盐底辟和漂流。伸展构造导致覆盖层中注入少量盐。在上斑砂岩统至壳灰岩的筏构造阶段，一些注入发育为底辟。该阶段的矿物反应不会降低气藏砂岩的主要成分和结构。

（2）侏罗纪过程中的考依波统（Keuper）主要是活性盐底辟主义，由侏罗纪期间的最大延伸率区域延伸引发。考依波统至侏罗纪以活跃的盐底辟作用为主，受区域伸展作用的影响，侏罗纪延伸速率最大。侏罗纪的温度峰值随着从活跃到被动底辟的变化，引发了石英过度生长和自生黏土矿物的形成[20]。在活跃底辟期间，盐压超过了覆盖层的脆性强度。底辟盐墙及考依波统和 Jurassic 盐 namakiers 几何形状是经过几个盐暴露阶段形成的，上升流速率大于溶蚀速率、加积速率和伸展速率。

（3）下白垩统以来，由于被动的底辟作用和大面积盐缘向斜发育，断水盐墙呈上升趋势。这一阶段受后期硫化物和碳酸盐[20]孔隙填充的影响。

上 Rotliegend Ⅱ 储层岩体经历了多期成岩阶段，与盐分运动同时期，甚至受盐分运动影响，导致砂岩储层质量逐渐降低。将成岩阶段与区域构造发育联系起来，可以清楚地看出，石英过度发育的主要阶段、石英和方解石中的压力溶液，以及孔隙和孔喉黏结矿物的生长与盐底辟发育的主要阶段同时发生（图 6.11）。

参考文献

1. Lohr T, Krawczyk M, Tanner DC, Samiee R, Endres H, Oncken O, Kukla PA (2007) Strain partitioning due to salt: insights from interpretation of a 3D seismic data seit in the NW German Basin. Basin Res 19 (4): 579-597.

2. Stollhofen H, Bachmann NGH, Barnasch J, Bayer U, Beutler G, Franz M, Kästner M, Legler B, Mutterlose J, Radies D (2008) Upper Rotliegend to early Cretaceous Basin development. In: Littke R, Bayer U, Gajewski D, Nelskamp S (eds) Dynamics of complex intracontinental Basins: the Central European Basin system. Springer, Berlin, pp 181-210.

3. Roberts AM, Kusznir NJ, Yielding G, Styles P (1998) 2D flexural backstripping of extensional basins: the need for a sideways glance. Pet Geosci 4: 327-338.

4. Dahlstrom CDA（1969）Balanced cross sections. Can J Earth Sci = Revue Canadienne des Sciences de la Terre 6（4，Part 1）：743 − 757.

5. Gibbs AD（1983）Balanced cross-section construction from seismic sections in areas of extensional tectonics. J Struct Geol 5（2）：153 − 160（Balanced cross-sections and their geological significance；a memorial to David Elliott）.

6. Hossack JR，McGuinness DP（1990）Balanced sections and the development of fault and salt structures in the Gulf of Mexico（GOM）. In：Proceedings of Geological Society of America 1990 annual meeting. Abstracts with programs—Geological Society of America, vol 22（7）. p 48.

7. Rowan MG（1993）A systematic technique for the sequential restoration of salt structures. Tectonophysics 228（3 − 4）：331 − 348（New insights into salt tectonics；collection of invited papers reflecting the recent developments in the field of salt tectonics, Cobbold）.

8. Bishop DJ，Buchanan PG，Bishop CJ（1995）Gravity-driven thin-skinned extension above Zechstein group evaporites in the western central North Sea；an application of computeraided section restoration techniques. Mar Pet Geol 12（2）：115 − 135.

9. Buchanan PG，Bishop DJ，Hood DN（1996）Development of salt-related structures in the central North Sea；results from section balancing. In：Alsop GI, Blundell DJ，Davison I（eds）Salt tectonics, vol 100. Geological Society Special Publications, London，pp 111 − 128.

10. Vendeville BC，Jackson MPA（1992）The rise of diapirs during thin-skinned extension. In：Jackson MPA（ed）Special issue；salt tectonics, vol 9（4）. Marine and Petroleum Geology, Angola, pp 331 − 353.

11. Schultz-Ela DD，Jackson MPA，Vendeville BC（1993）Mechanics of active salt diapirism. Tectonophysics 228（3 − 4）：275 − 312（New insights into salt tectonics；collection of invited papers reflecting the recent developments in the field of salt tectonics）.

12. Koyi H，Talbot CJ，Torudbakken BO（1993）Salt diapirs of the Southwest Nordkapp Basin；analogue modelling. Tectonophysics 228（3 − 4）：167 − 187（New insights into salt tectonics；collection of invited papers reflecting the recent developments in the field of salt tectonics）.

13. Nalpas T，Brun JP（1993）Salt flow and diapirism related to extension at crustal scale. Tectonophysics 228（3 − 4）：349 − 362（New insights into salt tectonics；collection of invited papers reflecting the recent developments in the field of salt tectonics）.

99

14. Vendeville BC, Ge H, Jackson MPA (1995) Scale models of salt tectonics during basementinvolved extension. Pet Geosci 1: 179 – 183.

15. van Keken PE, Spiers CJ, van den Berg AP, Muyzert EJ (1993) The effective viscosity of rocksalt: implementation of steady-state creep laws in numerical models of salt diapirism. Tectonophysics 225 (4): 457 – 476.

16. Poliakov ANB, Podladchikov Y, Talbot C (1993) Initiation of salt diapirs with frictional overburdens: numerical experiments. Tectonophysics 228 (3 – 4): 199 – 210 (New insights into salt tectonics: collection of invited papers reflecting the recent developments in the field of salt tectonics).

17. Podladchikov Y, Talbot C, Poliakov ANB (1993) Numerical models of complex diapirs. Tectonophysics 228 (3 – 4): 189 – 198 (New insights into salt tectonics: collection of invited papers reflecting the recent developments in the field of salt tectonics).

18. Havenith VMJ (in prep.) Diagenese evolution von Oberrotliegend Sandsteinen in Ostfriesland. Dissertation.

19. Lee M (1996) Diagenesis of the Rotliegend sandstone of southern Ostfriesland. Structural and stratigraphic processes MEPTEC. Confidential report, Dallas, Texas, USA, p 30.

20. Havenith VMJ, Meyer FM, Sindern S (2010) Diagenetic evolution of a tight gas field in NW Germany. In: Proceedings of DGMK/ÖGEW-Frühjahrstagung 2010, Fachbereich Aufsuchung und Gewinnung, Celle.

21. Glennie KW (1990) Introduction to the petroleum geology of the North sea 3rd ed. Blackwell Scientific, Oxford.

22. Stollhofen H, Bachman GH, Barnasch J, Bayer U, Beutler G, Franz M, Kästner M, Legler B, Mutterlose J, Radies D (2008) Upper rotliegend to early cretaceous basin development. In: Littke R, Bayer U, Gajewski D, Nelskamp S (Eds) Dynamics of complex intracontinental basins. The central european basin system, pp 181 – 210.

23. Scotese C. (2008) Palaeomap project.

24. George GT, Berry JK (1993) A new palaeogeographic and depositional model for the Upper Rotliegend of the UK sector of the Southern North Sea. In: North CP, Prosser DJ (eds) Characterization of fluvial and aeolian reservoirs, Special Publication, Geological Society of London, vol 73, pp 291 – 319.

25. Strömbäck AC, Howell JA (2002) Predicting distribution of remobilized aeolian facies using sub-surface data: the Weissliegend of the UK Southern North Sea. Petroleum Geoscience 8: 237 – 249.

26. Peryt TM, Wagner R （1998） Zechstein evaporite deposition in the Central European Basin: cycles and stratigraphic sequences. J Seismic Explor 7 （3－4）: 201－218.

27. Warren JK （2006） Evaporites: sediments, resources and hydrocarbons. Heidelberg, Springer p 1036.

28. Frisch U, Kockel F （1997） Altkimmerische bewegungen in nordwestdeutschland. Brandenburger Geowiss Beitr 4 （1）: 19－29.

29. Brückner-Röhling S, Röhling HG （1998） Palaeotectonics in the Lower and Middle Triassic （Buntsandstein, Muschelkalk） of the North German Basin. Hallesches Jb Geowiss B, Beih vol 5, pp 27－28.

30. Schröder B （1982） Entwicklung des sedimentbeckens und stratigraphie der klassischen germanischen trias. Geologische Rundschau 71 （3）: 783－794.

31. Jublitz KB, Znosko J, Franke D （1985） Lithologic-palaeogeographic map. middle bunter, 1: 1. 500. 000. International geologic correlation programme project no. 86, Southwest border of the East-European Platform, Zentrales Geologisches Institut, Berlin, G. D. R.

32. Szulc J （2000） Middle triassic evolution of the northern peri-tethys area as influenced by early opening of the tethys ocean. Annales Societatis Geologorum Poloniae 70: 1－48.

33. Schwarz HU （1975） Sedimentary structures and facies analysis of shallow marine carbonates （lower muschelkalk, middle triassic, southwestern Germany）. Contributions to Sedimentology, Stuttgart 3: 1－100.

34. Paul J, Franke W （1977） Sedimentologie einer transgression: die Röt/Muschelkalk-Grenze bei Göttingen. N Jb Geol Paläont Mh 3: 148－177.

35. Senkowiczowa H （1976） The Trias－The Polish lowlands. In: Geology of Poland 1: Stratigraphy, Part 2. Publishing House Wydawnictwa Geologiczne, Warsaw, pp 79－94.

36. Brandner R （1984） Meeresspiegelschwankungen und tektonik in der trias der NW tethys. Jahrbuch für Geologie. A-B （Wien） 126: 435－475.

37. Maystrenko YP, Bayer U, Scheck-Wenderoth M （2005） The glueckstadt graben, a sedimentary record between the north and baltic sea in north central europe. Tectonophysics 397: 113－126.

38. Wurster P （1968） Paläogeographie der deutschen trias und die paläogeographische orientierung der lettenkohle in südwestdeutschland. Eclog geol Helv 61: 157－166.

39. Paul J, Wemmer K, Ahrendt H （2008） Provenance of siliciclastic sediments

（Permian to Jurassic）in the central european basin. Zeitschrift der Deutschen Gesellschaft fuer Geowissenschaften 159（4）：641－650.

40. Ziegler PA（1988）Evolution of the arctic-north atlantic and the western thetys. aapg memoirs 43：198 p and 30 plates.

41. Antrett P, Vackiner AA, Wollenberg U, Desbois G, Kukla P, Urai JL, Stollhofen H, Hilgers C（2011）Nano-scale porosity analysis of a Permian tight gas reservoir. In：Proceedings of extended abstract, AAPG international conference and exhibition. Milan, Italy.

42. Sclater JG, Christie PAF（1980）Continental stretching：an explanation of the post-mid Cretaceous subsidence of the central North Sea basin. J Geophys Res 85：3711－3739.

43. Schmoker JW, Halley RB（1982）Carbonate porosity versus depth；a predictable relation for South Florida. AAPG Bull 66：2561－2570.

44. Watts AB（2001）Isostasy and flexure of the lithosphere. Cambridge University Press, Cambridge, p 458.

45. Glennie KW（1986）Development of NW Europe's southern Permian gas basin. In：Brooks J, Goff JC, van Horn B（eds）Habitat of Paleozoic gas in N. W. Europe, vol 23. Geological Society of London, London, pp 3－22.

46. Legler B.（2005）Faziesentwicklung im Südlichen Permbecken in Abhängigkeit von Tektonik, eustatischen Meeresspiegelschwankungen des Proto-Atlantiks und Klimavariabilität（Oberrotliegend, Nordwesteuropa）：Schriftenreihe der Deutschen Gesellschaft für Geowissenschaften, vol 47. p 103.

47. Vackiner AA, Antrett P, Stollhofen H, Back S, Kukla PA, Bärle C（2011）Syndepositional tectonic controls and palaeo-topography of a Permian tight gas reservoir in NW Germany. J Pet Geol 34（4）：411－428.

48. Ziegler PA（1990）Geological Atlas of Western and Central Europe. Shell Int Pet Mij Geol Soc London 2：239.

49. Scheck-Wenderoth M, Lamarche J（2005）Crustal memory and basin evolution in the Central European Basin System - new insights from a 3D structural model. Tectonophysics 397：143－165.

50. Parnell J（2004）Titanium mobilization by hydrocarbon fluids related to sill intrusion in a sedimentary sequence, Scotland. Ore Geol Rev 24（1－2）：155－167（Ores and organic matter）.

51. Jackson MPA, Vendeville BC, Schultz-Ela DD（1994）Structural dynamics of salt systems. Annu Rev Earth Planet Sci 22：93－117.

52. Geluk M（1999）Late Permian（Zechstein）rifting in the Netherlands；models and

implications for petroleum geology. Pet Geosci 5： 189 – 199.

53. Geluk MC （2000） Late Permian （Zechstein） carbonate-facies maps， the Netherlands. Geologie en Mijnbouw， Neth J Geosci 79 （1）： 17 – 27.

54. Schöner R， Gaupp R （2005） Contrasting red bed diagenesis； the southern and northern margin of the Central European Basin. Int J Earth Sci 94 （5 – 6）： 897 – 916 （Dynamics of sedimentary basins； the example of the Central European Basin system）.

55. Walsh P， Schultz-Ela DD （2003） Mechanics of graben evolution in Canyonlands National Park. Utah GSA Bull 115 （3）： 259 – 270.

56. Mohr M， Kukla PA， Urai JL， Bresser G （2005） Multiphase salt tectonic evolution in NW Germany； seismic interpretation and retro-deformation. Int J Earth Sci 94 （5 – 6）： 917 – 940.

57. Kukla PA， Urai JL， Mohr M （2008） Dynamics of salt structures. In： Littke R， Bayer U， Gajewski D， Nelskamp S （eds） Dynamics of complex intracontinental basins； the Central European Basin system. Springer， Berlin， pp 291 – 306.

58. Mohr M， Warren JK， Kukla PA， Urai JL， Irmen A （2007） Subsurface seismic record of salt glaciers in an extensional intracontinental setting （late Triassic of northwestern Germany）. Geology 35： 963 – 966.

59. Duval BC， Cramez C， Jackson MPA （1992） Raft tectonics in the Kwanza Basin， Angola. In： Jackson MPA （ed） Special issue salt tectonics， vol 9 （4）. Angola， Marine and Petroleum Geolog， pp 389 – 404.

60. Ziegler PA （1995） Geodynamics of compressional intra-plate deformations： a comparison with the Alpine Foreland. Nova Acta Leopold， NF 71 （291）： 265 – 300.

61. Ziegler PA （1982） Geological Atlas of Western and Central Europe. Elsevier Science Ltd. ， Amsterdam， p 130.

62. Lokhorst A （1998） The Northwest European Gasatlas. Netherlands Institute of Applied Geoscience TNO， Haarlem.

第 7 章 基于德国中北部钻井岩心的沉积相分析：与德国西北部钻井岩心相比

7.1 概　　况

本章包括 4 口井（Ⅰ—Ⅳ井；图 7.1、图 7.2）的沉积相分析，这些井位于德国中北部，南二叠纪盆地（SPB）的南缘。

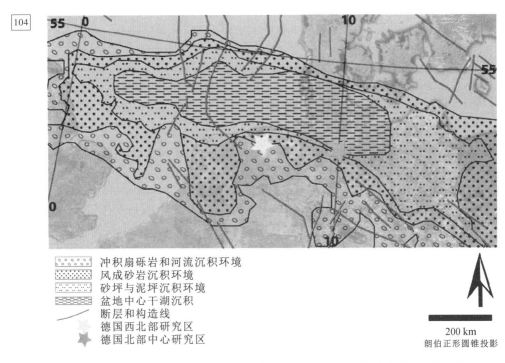

图 7.1　SPB 盆地晚上 Rotliegend Ⅱ 最大沉积范围示意图（由 [7，8] 修订）

与德国西北部 Wustrow 和 Bahnsen 组（上 Rotliegend Ⅱ）主要储集层段的岩心相比，本文重点分析上 Rotliegend Ⅱ Bahnsen 组 至 Munster 组中年轻的地层层段（图 2.2）。两个研究区的另一个差异是上 Rotliegend Ⅱ 的古地理位置。与德国西北部研究区相比，德国中北部研究区更靠近 Dethlingen 组沉积以来占据 SPB 中部的多年生盐湖（图 1.2、图 2.2、图 7.1）[1]。沉积物以硅质和次生蒸发岩为主[4-7]，讨论了 SPB 边缘沉积的 4 种主要相组合：短生河流环境（wadi）、风成环境、sabkha 环境和湖泊环境。

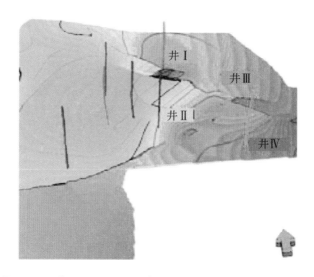

图 7.2　顶部 Rotliegend 深度图中显示了井的岩心分析资料

将两个研究区沉积相的分析结果进行对比，以提高对沉积环境的认识，并根据上 Rotliegend Ⅱ 期间 SPB 南缘古地理位置确定沉积相。

应用在德国西北部致密气田岩心材料分析过程中形成的方法（3.1 节），重点考虑粒径、黏土含量及沉积构造对沉积相的宏观分类。建立了具有粒度剖面的相测井图，并按地层序绘制：左下栏显示最老的地层，右上栏显示最年轻（图 7.3~图 7.5、图 7.7、图 7.8）。每口井以剖面的形式显示，井的每个岩心（表 7.1）在单独的一栏中，并附有特征鲜明的岩心照片。每个孔显示为一个配置文件，其中每个核心（表 7.1）在单独的列中的单个孔和特征的互补核心照片。剖面图的关键因素，包括沉积环境的颜色代码、岩性以及沉积后结构特征，见图 7.3。

表 7.1　单井岩心长度与地层

井　号	岩心长度/m	地层/组
井 I	13.3	汉诺威地层/巴恩森（Bahnsen）地层-明斯特地层
	18.2	
	17.6	
	18.0	
井 II	17.0	汉诺威地层/巴恩森地层
	18.0	汉诺威地层/宁多夫（Niendorf）地层-明斯特地层
井 III	18.0	汉诺威地层/宁多夫地层-明斯特地层
	18.0	
	18.0	
井 IV	12.6	汉诺威地层/宁多夫地层
	12.6	汉诺威地层/巴恩森地层

7.2　岩心数据分析结果

7.2.1　井 I

井 I 的最下层岩心（Bahnsen；图 7.3）以风沙沙丘和砂坪沉积的砂岩为主。普遍存在的潮湿砂坪沉积表明，它是在一个相对较浅的地下水位的影响下沉积的，靠近沉积表面。在此序列中，湖泊沉积和泥滩沉积被解释为沙丘间沉积。顶部主要为泥滩沉积（Dambeck 和 Niendorf 成员；图 7.4）。它们是亚水成藏的，以不同类型的淤泥和细粒砂岩透镜体为特征。在某些情况下，交叉地层和碎裂碎屑的出现表明了河流的再造。Munster 组包括一个以潮湿风成为主的层序，包裹在上覆地层和下覆地层的泥滩沉积物中。Munster 组砂岩经过漂白，含有丰富的矿化结节。

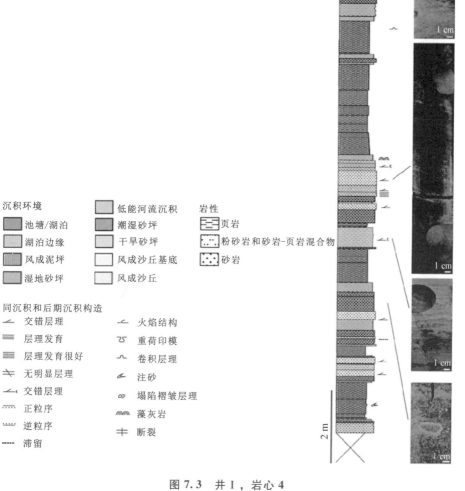

沉积环境

池塘/湖泊　　　低能河流沉积　　岩性

湖泊边缘　　　潮湿砂坪　　　　页岩

风成泥坪　　　干旱砂坪　　　　粉砂岩和砂岩-页岩混合物

湿地砂坪　　　风成沙丘基底　　砂岩

　　　　　　　风成沙丘

同沉积和后期沉积构造

交错层理　　　　火焰结构

层理发育　　　　重荷印模

层理发育很好　　卷积层理

无明显层理　　　注砂

交错层理　　　　塌陷褶皱层理

正粒序　　　　　藻灰岩

逆粒序　　　　　断裂

滞留

2 m

图 7.3　井 I，岩心 4

图 7.4　井 I，岩心 3 到岩心 1

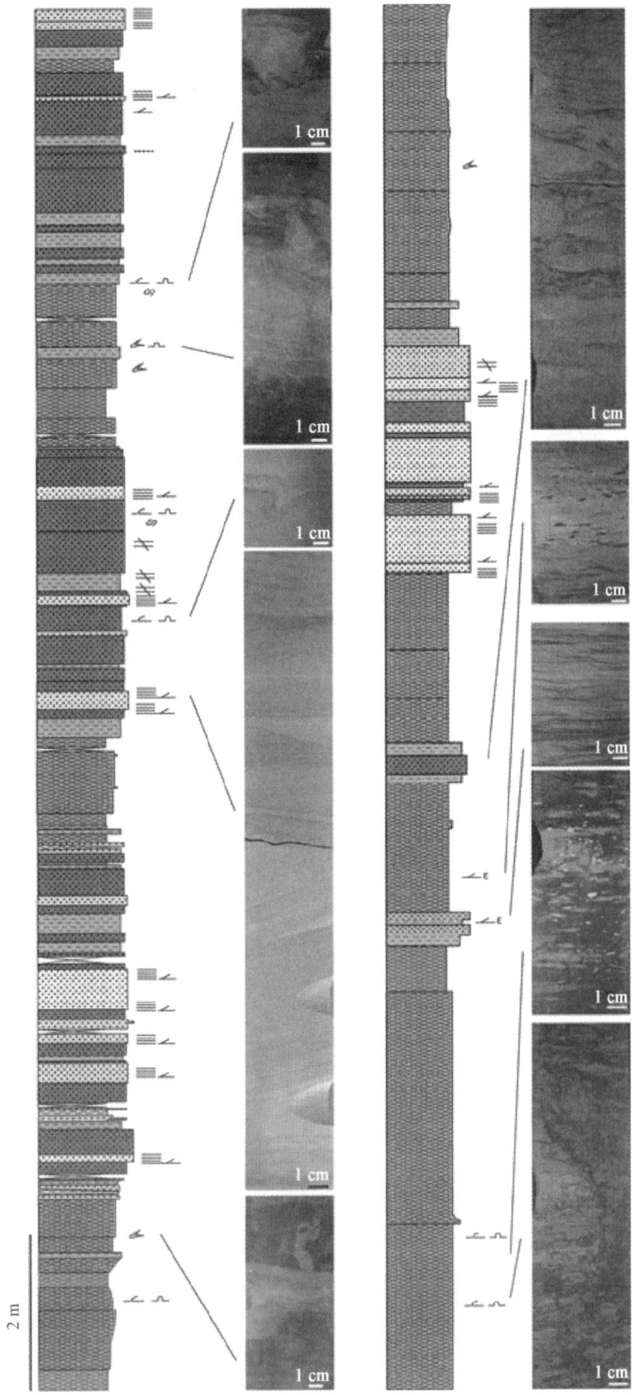

图 7.5　井 Ⅱ，岩心 2 和岩心 1

7.2.2　井Ⅱ

　　井Ⅱ呈现出分析岩心材料中砂岩含量最高（图7.5，左柱）的特征。砂岩和粉砂岩层段大多与沉积在临时湿润环境中的砂坪有关，分别受浅层地下水位的影响。由于黏土裂隙的出现，几个砂坪被划分为河流改造砂坪。风成沙丘或干风沙沉积物属于下属相。矿化结核和早期成岩结核的出现表明了沉积物的成岩叠加（图7.6）。岩心最上段主要为泥滩和次生湿砂坪沉积（图7.5，右柱）。一些泥滩到湿砂坪的演化过程中包括碎屑流，因此，被解释为河流改造。泥滩的沉积是在水下进行的，伴有短期的干燥事件，表现为湿滩的夹层作用，在此过程中，沉积受到浅层地下水位的影响。

7.2.3　井Ⅲ

　　井Ⅲ下部为湿性砂坪沉积，为主要沉积相（图7.7，左柱）。在沉积过程中，地下水位靠近沉积物表面。不同类型的潜在成岩结节和漂白层的出现是成岩叠印宏观识别的特征。在顶部，岩心以亚水沉积物为主，包裹着两个风成序列（图7.7，左上柱）。根据下沙丘组倾角方向不同，可划分为新月形沙丘系。上风成系列主要由浅倾角的砂坪沉积物组成。大量潮湿

图7.6　岩相叠印沙丘沉积，井Ⅱ图

的砂坪沉积物表明，在沉积过程中，地下水位靠近沉积面。沙丘沉积物呈暂时性潮湿环境的特征。上覆沉积相呈湿润上升趋势。以黏土为主的层序包裹着少量高黏土含量的湿式砂坪沉积。裂解碎屑的出现和生态分层表明了河流发生改造。丰富的沉积后构造，如泥滩和湿砂坪沉积物中的旋涡层理和火焰结构表明出现了脱水和脱盐（图7.7，右柱）。

7.2.4　井Ⅳ

　　井Ⅳ下部主要由泥滩和湖间沉积物构成（图7.8，右柱）。以黏土为主

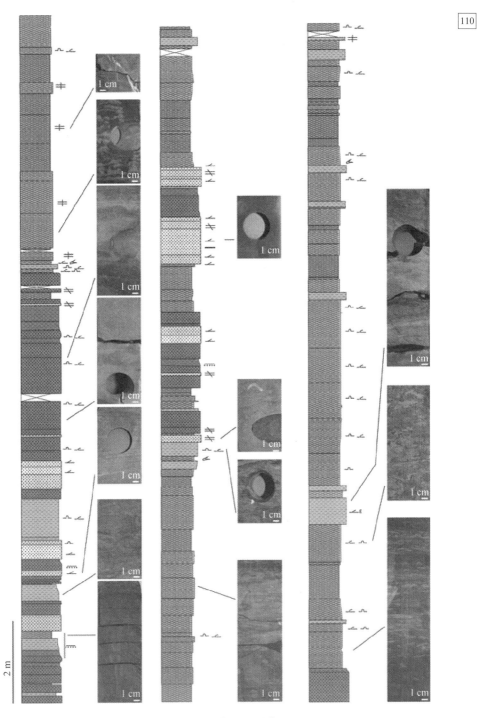

图 7.7 井Ⅲ，岩心 3 到岩心 1

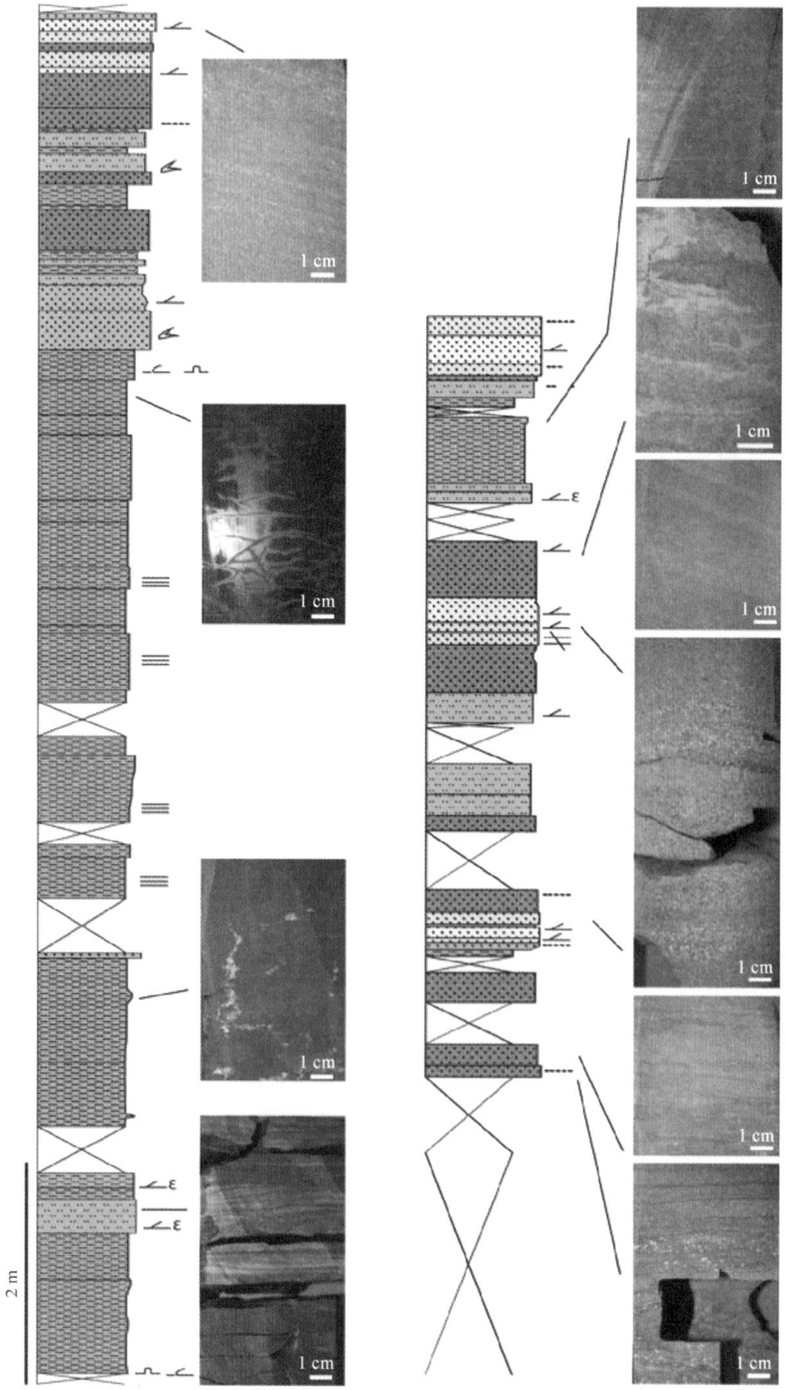

图 7.8 井 IV，岩心 2 到岩心 1

的沉积物表现出丰富的水平裂缝和较小的垂直裂缝。较小的粗粒度区域受到河流的影响。取心剖面的上部包含了几个风沙沙丘沉积层（图 7.8，左柱）。蒙斯特（Munster）组位于岩心剖面上部，含潮坪至风成沙丘，初生成熟度较高，成岩作用明显。

7.3　解　释

风化演替主要发生在 Bahnsen 和蒙斯特组。这些风成层段沉积在暂时性的潮湿环境中，表现为几个湿间带的出现。即使在风沙沙丘的沉积过程中，地下水位也被认为保持在接近沉积表面的水平。Munster 组风成沉积经历了较高的成岩叠印作用，表现为灰白色的矿化结节（硬石膏、小方解石）和成岩结核（如井Ⅱ下部；图 7.3）。此外，蒙斯特组的沉积物部分被漂白，大量的裂缝被云母和石英胶结，抵消了原生沉积结构（交错层理、层状沉积）。

一般来说，最大的风成层段位于井Ⅱ的 Bahnsen 组。由于风成岩层序的厚度有限，在整个井中不可能形成明显的新月形沙丘和混合沙丘沉积。在井Ⅲ中，识别出一个新月形沙丘组。一般来说，这些沙丘高度有限，不超过20 m，并伴有多个沙丘间沉积。沙丘类型多为新月形沙丘型，沙丘间带广泛。研究区不存在堆叠沙丘集。

河流沉积一般是在低能量流作用下沉积的。它们很有可能来自向湖泊或池塘环境排放的低能片状沉积物。在井Ⅰ和井Ⅲ中解释了中粒砂岩基底向上细化（FU）旋回。这表明存在着非常小的曲流河道，水深约为 0.5 m，宽度为 0.5~3.0 m。未发现辫状河沉积。侵蚀构造的缺失和晶粒尺寸的限制表明古地形梯度较低。然而，晶粒大小也依赖源区和再造过程。

沉积作用以水下沉积为主。伴生沉积相为泥滩、池塘和湖泊沉积。在浅层地下水位和沉积物表面的短暂渗流期间，形成了湿润和潮湿的沙粒沉积。黏土层段包含微裂缝系统，这些微裂缝系统主要呈水平方向，最有可能是层间结合，但在某些情况下也存在垂直连接的。沿断裂网络的盐分是常见的。这种局限于黏土层段的裂缝观测对今后油气田开发，包括水力压裂技术的应用具有重要意义。

考虑到这些井的古地理位置和南二叠纪盆地的延伸，可以得出以下结论：

113

（1）井Ⅳ的特征是沉积作用较小，南部最有可能存在沉积源。

（2）所有的井都位于一个地区的风沙沉积期间 Bahnsen 组，部分在 Munster 组。由于太平洋地区的地理位置，在 SPB 的大型盐湖区以南，沉积物受到浅层地下水位的影响。这些风沙演替中的主要沉积物是潮湿的砂坪沉积物。这些风成演替的主要沉积物是潮湿的砂坪沉积。间歇性低能量河成流和湖泊高水位影响沉积。

（3）由于汉诺威组（Dambeck 组和 Niendorf 组）中间段泥滩普遍存在，研究区在分析层段沉积过程中极有可能发生水淹，且发生短暂的干旱。

7.4　与德国西北部研究区相对比

德国中北部研究区位于德国西北部致密气田以东 200 km 处，位于上 Rotliegend Ⅱ期 SPB 中心附近（图 1.2、图 7.1）。与德国西北部研究区相比，岩心物质分析主要集中在 Hannover 组的 Bahnsen 至 Munster 段，而不是 Wustrow 和 Bahnsen 段的主要储集层段。其结果是，该地区受到湖泊水位变化和海洋侵入的影响，自 Dethlingen 组以来，盐湖占据了 SPB 的中心。

德国中北部研究区的河流沉积被解释为低能灰泥沉积，其沉积坡度很小甚至没有。相比之下，在德国西北部的研究区，位于 Wustrow 组基底的砾岩辫状河沉积体系表明在沉积过程中存在一定的古地形梯度（图 7.9；参见第 4 章）。

115

德国中部北部研究区的核心物质仅包括少量的风成沉积，主要集中在常年盐湖回归过程中发育的 Bahnsen 和 Munster 组。孤立的 barchanoid 沙丘，被确定包裹在黏土丰富的矿床中。沉积相组合主要表现为亚水相沉积和间断的短期陆相暴露。岩心黏土主导层段盐含量高，呈周期性湿润和干燥循环特征（图 2.2）。相比之下，德国西北部研究场地的岩心材料中也含有暂时性的湿沉积物（最多占岩心材料质量分数的 50%），但在 Wustrow 和 Bahnsen 组期间，以干湿风成沉积物为主（图 7.9）。丰富的风成沙丘沉积使沙丘系统分为新月形沙丘和 aklé 沙丘。沙丘系统不仅横向相连，有时还垂直堆积。从储集条件来看，德国西北部干风成岩相带的研究区提供了较好的原生气藏。

114

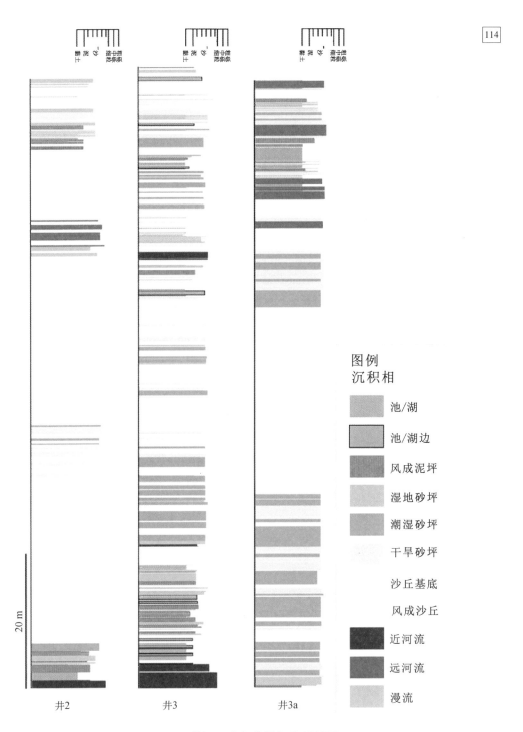

图例
沉积相

池/湖

池/湖边

风成泥坪

湿地砂坪

潮湿砂坪

干旱砂坪

沙丘基底

风成沙丘

近河流

远河流

漫流

井2　　　　　　井3　　　　　　井3a

图 7.9　德国西北部井筒相分析剖面

参考文献

1. Gast R, Gaupp R (1991) The sedimentary record of the late Permian saline lake in N. W. Germany. In: Renaut RW, Last WM (eds) Sedimentary and paleolimnological records of Saline lakes. Natl Hydrol Res Inst, Saskatoon, Canada, pp 75 – 86.

2. Gast R, Gebhardt U (1995) Elbe Subgruppe. In: Plein E (ed) Stratigraphie von Deutschland I; Norddeutsches Rotliegendbecken: Rotliegend-Monographie Teil Ⅱ, vol 183. Courier Forschungsinstitut Senckenberg, pp 121 – 145.

3. Legler B, Gebhardt U, Schneider JW (2005) Late Permian non-marine: marine transitional profiles in the Central Southern Permian Basin. Int J Earth Sci 94: 851 – 862.

4. Glennie KW (1972) Permian Rotliegendes of Northwest Europe interpreted in light of modern desert sedimentation studies. AAPG Bulletin 56: 1048 – 1071.

5. George GT, Berry JK (1993) A new palaeogeographic and depositional model for the upper Rotliegend of the UK sector of the Southern North Sea. In: North CP, Prosser DJ (eds) Characterization of Fluvial and Aeolian Reservoirs, vol 73. Geological Society of London, Special Publication, pp 291 – 319.

6. Strömbäck AC, Howell JA (2002) Predicting distribution of remobilized aeolian facies using sub-surface data: the Weissliegend of the UK Southern North Sea. Pet Geosci 8: 237 – 249.

7. Legler B (2005) Faziesentwicklung im Südlichen Permbecken in Abhängigkeit von Tektonik, eustatischen Meeresspiegelschwankungen des Proto-Atlantiks und Klimavariabilität (Oberrotliegend, Nordwesteuropa): Schriftenreihe der Deutschen Gesellschaft für Geowissenschaften 47: 103.

8. Ziegler PA (1982) Geological atlas of Western and Central Europe: Elsevier Science Ltd., p 130.

第8章 结论与前景

8.1 结 论

在引言中描述了构建本研究框架的问题，下面将讨论这些问题。

1. 上 Rotliegend Ⅱ 断层形成的古地形是如何在后期多相构造叠加之前排列的？

研究区记录了同时期构造活动的证据，在等厚线图上可见上 Rotliegend Ⅱ 沉积。重建后的地堑构造呈现出东北向断裂带的特征，其西向错距可达 250 m（沿 FZ－4），东向错距可达 150 m（沿 FZ－1）。在北部，东部断裂带（FZ－1）终止，不对称地堑变为半地堑。上 Rotliegend Ⅱ 沉积期间，断层活动引起的最大古隆起沿西部断裂带（FZ－4）约 250 m。沿上盘可识别出最大沉积厚度为 450 m 的上 Rotliegend Ⅱ 沉积中心，改造后的地堑本身被中央断裂带（FZ－3）部分细分，该断裂带在 Upper Rotliegend Ⅱ 期间由 3 条向西倾覆的断裂组成。断层控制的古地形高度为 100~150 m，对断裂带向西倾斜的中央断裂进行了估算。在北南向断裂带内，左旋扭张型的倾滑和斜滑被考虑在内。局部沉积中心与复杂的中继坡同左旋张扭应力诱发的拉张子盆地有关，为后期油气储层提供了有利的发育条件。

在上 Rotliegend Ⅱ 期间，具有一定倾角滑移分量的 N—S 向的倾滑断层一般表现为同沉积活动。NNW—SSE 向断层，在大多数情况下，源于 N—S 走向断层段连接而来。因此，在上 Rotliegend Ⅱ 期间发育的古地形被认为是断层引起的。在上 Rotliegend Ⅱ 期间，NW—SE 向断层发育过程中，沉积断层没有形成古隆起，它们是在后来的压力环境下形成的。

Altmark Ⅳ 构造事件是研究区沉积开始的触发因素，由上 Rotliegend Ⅱ 的 Ebstorf 和 Wustrow 组在沉积过程中的正断裂活动构成。后来，在上 Rotliegend Ⅱ 期间，更多的局部构造引起了额外的断层偏移。东弗

里西亚德国西北部地区北南走向断裂上最新的 Rotliegend 断裂活动十分
明显。

2. 研究区上 Rotliegend II 同沉积型构造圈闭在何处?

断层诱发地形是沉积相分布分析的关键参数。地形高地暴露于高风速
下,成为风力输送物质的屏障,这些物质沿背风和迎风侧向沉积。因此,古
高地可能提供早期油气圈闭,而悬壁位置有利于沙丘的堆积和保存。古挂壁
位置的沙丘砂堆积厚度较大,气藏岩石厚度较大。此外,在上 Rotliegend II
期,局部沉积中心为包含砂岩和砾岩的碎屑储集岩提供场所,在走滑断层和
斜滑断层(FZ-3)的释放位置,局部的拉张(FZ-1,FZ-4)和超覆构造
(FZ-3)与此有关,这表明了左侧向变形应力。

根据地下水位波动,相关盆地地区可能经历了短暂的洪水事件。由于
N—S 向断层和断裂带断裂段被假定为断层诱发古地形,因此预测高厚度砂
岩储层岩体主要位于断层的上盘位置。根据模型可知,在上 Rotliegend II 期
间,NW—SE 向无断层地貌的断裂带将遇到厚度较小的砂坪沉积。古下盘位
置(FZ-1)沙丘沉积的异常和局部保存可能与古隆起、亚地震级下盘塌陷
区的形成以及沉积物表面含水量的增加有关。

为进一步拓展容差分析,开展以断层活动为主、控制沉积相分布和
沉积-断层相互作用的模拟研究。致密砂岩气藏中的砂体和风成砂体被认
为是最优质的储集层。基于美国加利福尼亚州帕纳明特河谷的模拟研
究,建立了以地形、同沉积断裂活动、沉积物源区和主导风向为主要控
制参数的沉积相分布模型,并与德国西北部进行了对比。在多期构造叠
加之前,重建了上 Rotliegend II 的地下研究场地。在这两个研究地点,
沙丘位于中坡位置的辫状河流冲积扇上。德国西北部研究区东部断裂带
(FZ-1)下盘沙丘由同沉积背风圈闭上部的单峰 E/ENE 风向变为浅轮状
沙丘。在断层带下盘石英颗粒涂层的磨损是一个活跃沙丘系统的代表。较
厚的冲积层和风成沉积与断裂带(FZ-1)上盘背风面圈闭的下部有关。
西部断裂带(FZ-4)代表了风成沉积物的向风圈闭,风成沉积物在下壁
暴露的高风速带中有沙粒沉积。据认为,悬壁上沉积有较多的冲积物和风
成物。

3. 上 Rotliegend II 沉积相分布能否通过野外模拟研究重建?

两个研究地点的对比表明,帕纳明特河谷代表了上 Rotliegend II 时

期德国潜水表层气藏的一个十分合适的现代类似物。特别是风沙砂岩沉积的位置具有高度相似性，包括受断层地形控制的沙丘沉积和砂坪沉积，为风沙的迎风和背风侧圈闭。通过采用对石英颗粒涂层的磨损、沙丘类型和大小、有无荒漠漆皮、冲积扇河道切割深度等方面的野外模拟观测，对德国西北部研究区上 Rotliegend Ⅱ 沉积动力学进行了重建。不对称地堑—半地堑上 Rotliegend Ⅱ 盆地最深处位于德国地下研究区西断裂带（FZ-4）悬壁上。与盆地最深处的帕纳明特谷干湖位置相比，假设它代表了干湖向短命湖发展的可能位置，或者至少暴露了受到地下水位的影响。这种构造有利于在迎风圈闭中沉积高风沙沙丘，这些沙丘由潮湿的沙丘基础稳定下来。

总的来说，研究表明，一个合适的区域模拟研究能够：（1）对只有空间有限的大面积岩心数据的沉积相分布进行详细解释、插值、推断和预测；（2）利用断层解释、逆变形和古地貌重建将沉积相分布的关键机制转换为地下数据；（3）通过详细观测和确定合适的沉积特征重建构造覆盖的地下区域的沉积动力学特征。

4. 盐岩运动和多期构造叠加作用在储层岩石发育中起什么作用？

特别是在三叠—侏罗纪断裂活动期间，上 Rotliegend Ⅱ 或更老的断裂在变化的应力状态下被重新激活，往往导致累积断层偏移和沉积后断层扩展。在大多数情况下，以 N—S 向为主的 Rotliegend 断裂（如 FZ-1 及其疑似 FZ-5 和 FZ-3 向北延续）不断扩大其范围并相互连接。现今的构造形态记录了 Rotliegend 和 Zechstein，主要为三叠纪、侏罗纪和白垩纪变形阶段连续多期构造叠加的累积效应。为了定量分析多期构造叠加作用，以盐构造为主要研究对象，进行了连续的逆变形作用。

模拟研究表明，由于黏度较低[1]，盐不能传输大的微分应力。因此，后盐系通过中间 Zechstein 盐作为沉积表面在构造上与基质分离。上部 Rotliegend Ⅱ 的盐前储层岩石展布表现为成岩叠加作用，使储层砂岩退化，并与主要构造阶段有关。Zeistin 盐经历了不同的盐升机制，受不同构造阶段的影响较大。

盐变形机制的 3 个阶段可细分为不同的成岩叠加阶段：（1）盐分运动始于侧向盐流。盐渍底辟和漂流是在薄皮伸展期间由构造诱导的差异负荷引起的。伸展构造导致覆盖层中的小盐注入。在上部的 Buntsandstein 和

120

Muschelkalk 的筏状构造阶段，一些注入增长到底辟。该阶段的矿物反应并未使致密气田的成分成熟和构造成熟气藏砂岩劣化。（2）从 Keuper 至侏罗纪以活动盐底辟为主，受区域性伸展作用触发，侏罗纪伸展速率最大。侏罗纪的峰值温度，伴随着从主动底辟作用到被动底辟作用的变化，触发了石英的过度生长和自生黏土矿物的形成[2]。在活动底辟期间，盐压超过覆盖层的脆性强度。带有 Keuper 和 Jurassic 盐 namakiers 的底辟盐墙的几何形状由海底盐的暴露时期形成，发生在上升流速率高于溶解速率、沉积速率和伸展速率时。（3）下白垩统以来，由于被动底辟作用及广泛的盐缘向斜发育，底辟盐墙不断隆起。该相被进一步的石英过生长和黏土矿物沉淀所侵入，并经历硫酸盐和碳酸盐的后期孔隙化[2]。

5. 所开发的方法适用于地质相似的研究领域吗？

在德国中北部的另一个研究区，位于主研究区以东 200 km 处，采用德国西北部主研究区开发的相分析方法对该区域的井芯材料进行了分析（参见 3.1 节）。尽管德国中北部研究区靠近南二叠纪盆地（SPB）中心位置，在上 Rotliegend Ⅱ 期间，SPB 被一个咸水湖占据，而其他研究集中在更年轻的地层上，类似河流-风成带和短暂的湖泊环境。然而，所考虑的不同相关联的数量是不同的。德国中北部研究区的主要沉积相为风成泥岩-湿润砂岩。相比之下，德国西北部研究区的平均含水量较低，主要沉积了风成的干湿滩和沙丘。

在岩心资料的岩相分析中，利用测井资料对地震线进行深度转换。地震解释揭示了一个巨大的由盐命名的白垩纪基底。德国中北部研究区地震线的顺序回溯变形表明与德国西北研究区解释的盐变形机制相同。然而，这两个研究区盐分运动时间通过比较有几个显著性差异。在德国西北部研究区，盐命名者被绘制在基地和 Top Upper Keuper 上，而德国中部研究区北部的盐命名者被解释在基地白垩纪。因此，在德国西部，盐在陆地上的暴露时间较晚。另一个差异包括盐环向斜的发展。西北研究区盐缘向斜主要集中在（下）白垩纪，表明被动底辟（造山带）的开始。在德国中北部研究区，边缘向斜早在侏罗纪时期就已开始发育。侏罗纪时期的特征是地面裸露出盐，这标志着德国中北部建筑下降阶段的开始。

8.2 概 要

此次研究提高了对上 Rotliegend Ⅱ 致密气藏岩相的整体认识和定位。

对多期构造叠加前的上 Rotliegend Ⅱ 古地形和局部构造引起的沉积厚度变化进行了前所未有的深入研究。在与现代野外模拟相比较的基础上，进一步研究了张性大陆背景下构造诱发的同沉积相分布，对储层岩的分布及其性质进行了详细分析。评价了冲积扇、沙丘、砂岩等沉积相沉积的适应性。通过对主要（上 Rotliegend Ⅱ 期）成熟储集岩多期构造叠加作用的分析，完成了该项研究。因此，区域构造事件与局部构造引起的盐分运动学和成岩相有关。

本书的研究结果表明，欧洲中部深埋致密气藏复杂储层结构的解体及其横向相邻的沉积相变化经历了多构造-成岩叠加作用，需要多学科的研究来降低致密气藏勘探和生产的风险。

8.3 前 景

在本研究中，构造分析主要集中在断层诱发的沉积相分布上。同沉积断裂包括水动力活动区域[3,4]，它们有利于成岩作用、矿化作用和流体流动。流体通道的预测识别对于预测致密气藏岩石质量分布具有重要意义。增强的流体流动有利于胶结作用，并可能导致现场区域化[5]。

在帕纳明特河谷进行的现场模拟研究提供了关于地下流体循环通道的重要信息。沿断层带可见断层陡坎的胶结作用（图 5.3）和硫黄气味，显示出近期断裂的断层中的流体循环。沿断层陡坎可观察到直径达 0.5cm 的自形方解石晶体的析出，但它们也沿断层附近某些地层层状分布，如石灰岩、泥岩或白云岩层段（图 8.1）。致密气藏岩石沉积于类似帕纳明特山谷的环境地质条件下，是否也经历了同沉积流体的早期降解是今后研究的重点。

此外，未来的研究应着眼于不同时间盐分运动学在不同地区的 SBP。

122

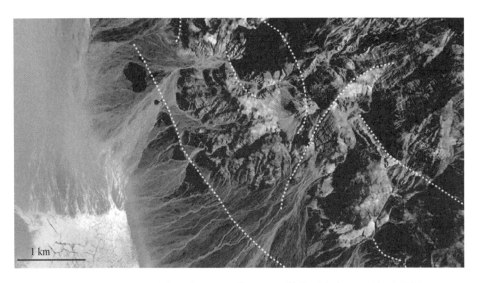

图 8.1　帕纳明特谷东北部卫星图像上可见的自形方解石沉淀（图源于谷歌公司与美国数字地球公司，白色虚线为断层）

参考文献

1. Vendeville BC, Ge H, Jackson MPA (1995) Scale models of salt tectonics during basementinvolved extension. Pet Geosci 1: 179 - 183.

2. Havenith VMJ, Meyer FM, Sindern S (2010) Diagenetic evolution of a tight gas field in NW Germany. DGMK/ÖGEW-Frühjahrstagung 2010, Fachbereich Aufsuchung und Gewinnung, Celle.

3. Gaupp R, Matter A, Platt J, Ramsayer K, Walzebuck JP (1993) Diagenesis and fluid evolution in deeply buried Permian (Rotliegende) gas reservoirs NW Germany. AAPG Bull 77 (7): 1111 - 1128.

4. Clauer N, Zwingmann H, Chaudhuri S (1996) Isotopic (K-Ar and oxygen) constraints on the extent and importance of the Liassic hydrothermal activity in Western Europe. Clay Miner 31: 301 - 318.

5. de Medeiros WE, do Nascimento AD, Antunes AF, de Sá EFJ, Neto FFL (2007) Spatial pressure compartmentalization in faulted reservoirs as a consequence of fault connectivity: a fluid flow modelling perspective, Xaréu oil field, NE Brazil. Pet Geosci 13: 341 - 352.

致　　谢

在此对我的导师 Peter Kukla 教授和 Harald Stollhofen 教授致以最真挚的感谢。感谢 Peter Kukla 的指导，当学术上出现分歧时，他们始终鼓励和引导我。感谢 Harald Stollhofen 分享自己丰富的沉积学知识，感谢他花时间、精力认真审阅我的手稿。感谢我的同事、合著者和朋友菲利普·安特里特（Philipp Antrett）博士、弗兰克·斯特鲁兹克（Frank Strozyk）博士、斯蒂芬·巴克（Stefan Back）博士和克里斯·希尔格斯（Chris Hilgers）博士的长期讨论、支持和专业精神。特别感谢 Frank，花费大量的时间阅读我的手稿。此处，还要特别感谢我的其他合著者，凡妮莎·哈维尼斯（Vanessa Havenith）、克劳迪娅·巴尔（Claudia Bärle）博士，斯文·辛德恩（Sven Sindern）、迈克尔·迈耶（Michael Meyer）教授和伊娜·布卢门施泰因-温加茨（Ina Blumenstein-Weingartz）博士。

本书内容是德国 Wintershall 公司和亚琛工业大学"致密气研究计划"的一部分。感谢德国 Wintershall 公司和法国燃气苏伊士集团德国分公司（GDF Suez E&PDeutschland GmbH）提供的地震资料、岩心资料及项目资助。这一研究课题得益于在多次会议期间与行业合作伙伴进行的卓有成效的讨论。对于野外工作数据而言，感谢 E. ON 能源研究中心（E. ON Energy Research Center）地球物理和地热能应用部门（Applied Geo-physics and Geothermal Energy Department）的 Norbert Klitzsch 博士，他为我提供与 Philipp Antrett 在帕纳明特大峡谷（Panamint Valley）进行地电测试的机会，还感谢丽贝卡·穆勒（Rebecca Moller）将地面电阻率设备从德国运到美国，然后再运回美国。如果没有她的帮忙，完整的地面电阻率设备还被扣留在美国或德国海关。

此外，要感谢美国国家公园管理局（United States National Park Services），特别是理查德·弗里斯（Richard Friese），协助办理死亡谷国家公园（Death

Valley National Park）的研究及采集许可证，还提供了把潜在的恐龙蛋运往德国的机会，但不幸的是，这是一个巨大的卵石。感谢马可·莫勒（Marco Moller）博士在野外工作期间为我们提供适合的住宿，他借用了地理学系冰川研究小组的 Hilleberg 帐篷，这些帐篷经受住了沙漠强风和严重的沙尘暴，而在此期间其他的帐篷有的出现了倒塌。还要感谢《石油地质学杂志》的编辑克里斯托弗·提拉特（Christopher Tiratsoo）和审稿人奈杰尔·芒迪尼（Nigel Mountney）教授给予的帮助和支持，使我的第一篇学术论文（主要在第 4 章中）得到较大的改进。

最后，要感谢我的朋友和家人，特别是苏珊·吉芬（Susan Giffin）和贝克·罗斯利夫-索伦森（Beke Rosleff-Sörensen），他们是我最好的循环锻炼及田径伙伴，感谢菲利普·安特雷特（Philipp Antrett）给予的精神支持和关爱，感谢我的父母格哈德和克里斯塔·瓦肯纳（Gerhard and Christa Vackiner）给予的关心和情感支持。